T0123769

Brot und Strom für 10 Milliarden Menschen

Klaus Stierstadt

Brot und Strom für 10 Milliarden Menschen

Nahrung und Energie für eine wachsende Bevölkerung

Springer

Klaus Stierstadt
Fakultät für Physik
Universität München
München, Deutschland

ISBN 978-3-662-67921-0   ISBN 978-3-662-67922-7   (eBook)
https://doi.org/10.1007/978-3-662-67922-7

Die Deutsche Nationalbibliothek verzeichnet diese Publikation in der
DeutschenNationalbibliografie; detaillierte bibliografische Daten sind im Internet
über https://portal.dnb.de abrufbar.

Springer ist ein Imprint der eingetragenen Gesellschaft Springer-Verlag GmbH, DE
und ist ein Teil von Springer Nature.
Die Anschrift der Gesellschaft ist: Heidelberger Platz 3, 14197 Berlin, Germany

Das Papier dieses Produkts ist recyclebar.

Vorwort

Die Hauptaufgabe der Vereinten Nationen ist es, Frieden zu stiften. Daneben sind heutzutage folgende Anforderungen an sie entstanden: Die Bekämpfung des Hungers in der Welt, die Beschränkung des Bevölkerungswachstums und die Stabilisierung unseres Klimas. In diesem Buch beschäftigen wir uns mit den ersten beiden dieser Aufgaben, dem Hunger und der Vermehrung der Menschen. Wir besprechen, wie man eine ausreichende Ernährung für die heutige Erdbevölkerung von 8 Mrd. Menschen sicherstellen kann und wie die Ärmsten derselben mit genügend Wasser und ausreichender Elektrizität zu versorgen sind. Beides scheint im Rahmen der gegebenen Verhältnisse durchaus möglich zu sein, ohne allzu viele Einschnitte in das Sozialgefüge.

Anschließend untersuchen wir, welche Maßnahmen nötig sind, um die erwartete Zunahme der Erdbevölkerung auf 10 Mrd. im Jahr 2050 in den Griff zu bekommen. Auch dies ist machbar, jedoch nur dann, wenn die wohlhabende Hälfte der Menschheit einen kleinen Teil ihres Reichtums an Nahrung und Ressourcen an die ärmere Hälfte abgibt. Nur so lässt sich vermeiden, dass die sozialen Spannungen auf der Welt weiter zunehmen, dass die Völkerwanderung aus den armen in die reichen Länder weiter wächst und die Verteilungskämpfe um die Ressourcen der Erde eskalieren. Eine ausführliche Beschreibung dieser Probleme findet man zum Beispiel in [10].

Dieses Buch enthält viele Zahlen. Sie sind nicht alle ganz genau zu nehmen, sondern manche bezeichnen nur die Größenordnung einer Sache. In der Literatur und im Internet findet man verschiedene Angaben für denselben Tatbestand, die sich um einen Faktor zwei oder mehr voneinander unterscheiden. Das beruht auf der Schwierigkeit, für viele Werte kontinentale oder weltweite Daten zu erhalten, die genügend aktuell sind. Immerhin müssen die Angaben von 200 Ländern gesichtet und vereinheitlicht werden, um ein globales Mittel für eine bestimmte Zahl zu erhalten. Man betrachte die quantitativen Angaben daher unter diesem Aspekt.

Das vorliegende Buch enthält in seinem Hauptteil das Wesentliche, was zum jeweiligen Thema in gut verständlicher Form gesagt werden kann. In einem Anhang werden dann einige spezielle Gesichtspunkte dazu ausführlicher behandelt, was jedoch nicht über das normale Gymnasialwissen hinausgehen soll. Das sind zum Beispiel die Photosynthese der Pflanzen, die Sonnenstrahlung und -energie oder die Folgen der Bevölkerungsentwicklung für unser Klima. Bei diesem Buch haben mir Gabriele Ruckelshausen, Helga Stierstadt und Hans-Ulrich Wagner geholfen, wofür ich ihnen sehr dankbar bin.

München, Deutschland   Klaus Stierstadt

Die Originalversion des Buchs wurde revidiert. Ein Erratum ist verfügbar unter https://doi.org/10.1007/978-3-662-67922-7_8

Inhaltsverzeichnis

1

Einführung

Auf unserer Erde wird es immer enger. Im Jahr 1930 lebten hier 2 Mrd. Menschen. Heute sind es fast 8 Mrd. und in der nächsten Generation, um 2050, werden es 10 Mrd. sein. Zwar werden wir uns auch dann noch nicht „auf die Füße treten", aber es kann ungemütlich werden. In jeder Sekunde werden zwei bis drei Kinder geboren, und jedes Jahr kommen ungefähr 80 Mio. Menschen weltweit hinzu, etwa die Zahl der Bevölkerung Deutschlands. Die Erde ist aber nicht unendlich groß, und irgendwann muss das Wachstum beschränkt werden. Wann das sein wird und wie wir die Probleme der Übervölkerung lösen können, das ist der Inhalt dieses Buches. Schon um 1798, als erst 1 Mrd. Menschen auf der Erde lebten, hat der britische Ökonom Thomas R. Malthus auf das Bevölkerungsproblem aufmerksam gemacht: Zur Vermeidung von wachsendem Hunger und zunehmender Armut helfe nur eine strenge

K. Stierstadt, *Brot und Strom für 10 Milliarden Menschen*, https://doi.org/10.1007/978-3-662-67922-7_1

Geburtenkontrolle. Aber davon sind wir, mit Ausnahme von vor Kurzem in China, noch weit entfernt. Und 1938 schrieb Anton Zischka sein warnendes und viel beachtetes Buch „Brot für 2 Milliarden Menschen".

Wir müssen wahrscheinlich also sehr bald Nahrung und Energie, Brot und Strom für ein Viertel mehr Menschen bereitstellen als zurzeit auf der Erde leben. Dabei erhebt sich die folgende Frage: Schon heute hungert ein Achtel der Menschheit und hat zu wenig Energie – lassen wir das in Zukunft so, oder sorgen wir für einen Ausgleich? Wenn wir den Status quo beibehalten, werden sich die sozialen Spannungen zwischen Reichen und Armen weiter verstärken und die Völkerwanderung von Süden nach Norden wird zunehmen. Wenn wir jedoch die Ressourcen dieser Erde gleichmäßiger verteilen wollen, dann müssen wir große wirtschaftliche und sozialpolitische Anstrengungen unternehmen.

2

Das Verteilungsproblem – heute

Heute hungern auf der Welt etwa 800 Mio. Menschen, ungefähr 600 Mio. in Asien und 200 Mio. in Afrika. Jeder Zehnte hat täglich weniger zu essen als das Minimum von 1400 Kilokalorien. Ebenso viele haben zu wenig Trinkwasser sowie zu wenig Elektrizität und sanitäre Einrichtungen. Nur ein Viertel der Erdbevölkerung in 57 von 195 Ländern hat ständig sauberes Trinkwasser. Wie kann man diese Mängel beheben? Wie wird man dann erst die 2 Mrd. Menschen versorgen, die in einer Generation noch dazu kommen?

Eins der am leichtesten lösbaren Probleme ist merkwürdigerweise der **Hunger**. Weltweit werden heute etwa 1,6 Mrd. Tonnen Lebensmittel vernichtet, bei Getreide ungefähr ein Drittel der gesamten Produktion! Bei leicht verderblichen Produkten wie Fleisch, Obst und Gemüse sind es sogar 50 %. Das geschieht teils durch unvollständige Nutzung der erzeugten pflanzlichen und tie-

© Der/die Autor(en), exklusiv lizenziert an Springer-Verlag GmbH, DE, ein Teil von Springer Nature 2023
K. Stierstadt, *Brot und Strom für 10 Milliarden Menschen*,
https://doi.org/10.1007/978-3-662-67922-7_2

rischen Produkte, teils durch gesetzliche übertriebene Hygienevorschriften, aber auch durch zu großzügigen Umgang mit Nahrungsmitteln im Verbrauch. Würde man nur die Hälfte dieser gigantischen Verschwendung den heute Hungernden zur Verfügung stellen, so bekäme jeder genug zu essen. Das ergäbe nämlich etwa 240 g zusätzliche Nahrungsmittel täglich pro Person für die 800 Mio. Hungernden, mehr als genug, um die ihnen fehlenden etwa 600 Kilokalorien (kcal) zu ersetzen. Bei dieser Berechnung wird angenommen, dass ungefähr die Hälfte des Abfalls wiederverwendet wird, dass davon ein Zehntel wertvolle Nahrung ist, und dass sie 300 kcal pro 100 g enthält, wie etwa Getreide. In Abb. 2.1 sind diese Verhältnisse skizziert. Das Problem des heutigen Hungers in der Welt könnte also ohne allzu große Investitionen gelöst werden. Warum das nicht geschieht, ist vollkommen unverständlich. Es bedarf dazu nur eines ernsthaften Umdenkens beim Umgang mit Nahrungsmitteln, wie es bei uns in Kriegs- und Nachkriegszeiten üblich war. Dies auf den Weg zu bringen, wäre eine lohnende Aufgabe für die Vereinten Nationen. In Frankreich ist zum Beispiel schon heute gesetzlich vorgeschrieben, dass Supermärkte noch genießbare Lebensmittel nicht mehr wegwerfen dürfen, sondern dass diese recycelt oder gespendet werden müssen. Dagegen ist erst vor Kurzem in der Schweiz ein Volksentscheid gescheitert, der zum Ziel hatte, dass die Lebensmittelindustrie nachhaltiger wirtschaften solle, und dass die Lebensmittelverschwendung eingedämmt werden sollte, wobei die Preise aber nur moderat steigen dürften [1,2].

Ähnlich wie mit der Nahrung ist es mit dem Bedarf an **elektrischer Energie**: Etwa 1 Mrd. Menschen haben gar keinen oder viel zu wenig elektrischen Strom zur Verfügung. In den Industrieländern gibt es im Mittel für jede

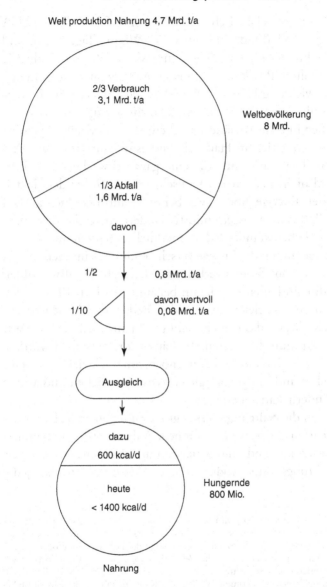

Abb. 2.1 Weltweite Verteilung der Nahrungsmittel. Angaben in Milliarden Tonnen pro Jahr (Mrd. t/a) und Kilokalorien pro Tag (kcal/d). Der „Ausgleich" beträgt 100 kg pro Person und Jahr bzw. 240 g oder 600 kcal pro Tag

Person eine elektrische Leistung von 0,7 kW (in den USA sogar 1,5 kW), das sind etwa 17 kWh pro Tag.[1] Darin sind die Energieaufwendungen für Wirtschaft und Industrie enthalten. Privat braucht man nur maximal 0,2 kW. In den Entwicklungsländern haben die Menschen aber im Durchschnitt nur ein Zehntel von dem zur Verfügung, was Menschen in Industrieländern haben, etwa 70 W einschließlich der Industrie. Im Haushalt sind es oft nur 10 W pro Person. Das reicht nur für eine ganz schwache Glühlampe und nicht mal für ein Fernsehgerät. Auch bei der elektrischen Energie gibt es, wie bei der Nahrung, einen großen Teil, den man in den Industrieländern sparen könnte, ohne den Lebensstandard dort merklich einzuschränken: man denke nur an die Energieverschwendung beim Heizen und Kühlen, im Straßenverkehr, zur Beleuchtung usw. Zahlen dafür sind allerdings kaum bekannt. Auch hier bietet sich also ein Ausgleich an, um den Bedarf der Armen zu decken. Wenn das jedoch nicht geschieht, wird es teuer. Wir wollen nun die Kosten abschätzen, die entstehen würden, wenn weder mit Nahrung noch mit Elektrizität ein einfacher und billiger Ausgleich zwischen reichen und armen Ländern stattfindet.

Für die **Nahrung** müssen große Summen in die Landwirtschaft investiert werden, für neue Anbauflächen, Saatgut, Bewässerung und Industrialisierung. Es müssen so viele Nahrungsmittel produziert und verteilt werden, dass jeder

---

[1] Die *elektrische Leistung* wird in Watt (W) oder in Kilowatt (kW = 1000 W) gemessen. Eine LED-Lampe leistet zum Beispiel 10 W, eine Kochplatte 1 kW. Watt ist also ein Maß für die Stärke bzw. Intensität der Leistung, Licht oder Wärme. Davon zu unterscheiden ist die *elektrische Energie*, die ein Gerät in einer bestimmten Zeit verbraucht, und die wir bezahlen müssen. Man erhält diese durch Multiplikation der Leistung (in Watt oder Kilowatt) mit der Betriebszeit (in Sekunden oder Stunden). Die Einheit der Energie ist dann Wattsekunde (Ws) oder Kilowattstunde (kWh) usw. Eine Kilowattstunde kostet in Deutschland für den Verbraucher derzeit zwischen 0,3 und 0,4 €. Also eine 10-W-Lampe in einer Stunde 0,3 bis 0,4 Cent, eine Kochplatte in derselben Zeit 30–40 Cent.

Erdbewohner täglich die empfohlenen 1700 (besser aber 2000) kcal bekommt. Man braucht dafür mindestens einen Zusatzbedarf von 300 kcal pro Person und Tag. Der ist zum Beispiel enthalten in 100 g Getreide oder Reis zum Preis von 50 Cent. Für 1 Mrd. Unterernährte kostet das etwa 150 Mrd. Dollar im Jahr. Das ist vergleichbar mit der heutigen jährlichen Entwicklungshilfe von weltweit 140 Mrd., aber es ist weniger als ein Zehntel der jährlichen weltweiten Rüstungsausgaben von 2000 Mrd. US-Dollar. Die Beseitigung des Hungers wäre also durchaus finanzierbar!

Beim elektrischen Strom wird es allerdings teurer. In Industrieländern steht, wie gesagt, jedem Menschen im Mittel eine Leistung von 0,7 kW zur Verfügung, in Afrika allerdings nur ein Zehntel davon. In Abb. 2.2 ist die derzeitige Verteilung der elektrischen Leistung auf die Weltbevölkerung dargestellt. Etwa ein Fünftel der Menschen (1,6 Mrd.) leben in Industriestaaten und haben 0,7 kW. Zwei Drittel (5,4 Mrd.) leben in sogenannten Schwellenländern[2] und haben im Mittel nur 0,2 kW, und rund ein Achtel (1 Mrd.) lebt in Armut in Entwicklungsländern mit nur etwa 70 W pro Person. Alle Menschen zusammen benötigen heute eine elektrische Leistung von 3000 Gigawatt, entsprechend 3000 großen konventionellen Wärmekraftwerken.[3] Bei all diesen Zahlen ist wohlgemerkt die elektrische Gesamtleistung pro Person gemeint, also privater Verbrauch, Industrie, Wirtschaft, Verkehr usw. Offensichtlich hat das ärmste Achtel der Weltbevölkerung viel zu wenig. Will man diese Menschen auf das Niveau der Schwellenländer bringen, so braucht man zusätzlich etwa

---

[2] Das sind solche Länder, in denen Tätigkeiten in Industrie und Landwirtschaft etwa gleich häufig unter der Bevölkerung verteilt sind, zum Beispiel China, Indien, Brasilien, Südafrika, Malaysia usw.

[3] Solche Kraftwerke wandeln Wärme in elektrische Energie um, leisten etwa 1 Gigawatt und werden mit Kohle, Erdöl, Erdgas oder Kernenergie betrieben. 1 Gigawatt sind 1 Mrd. Watt bzw. 1 Mio. Kilowatt bzw. 1000 Megawatt.

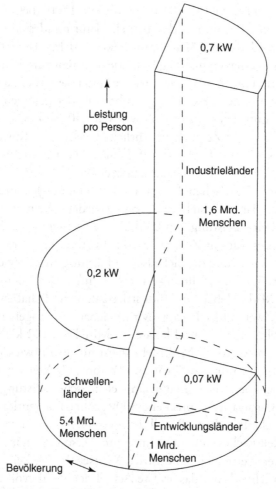

Abb. 2.2 Verteilung der elektrischen Leistung auf die Weltbevölkerung (nicht maßstabsgerecht)

130 Gigawatt oder genauso viele große Wärmekraftwerke. Das wäre durchaus bezahlbar, denn ein solches konventionelles Kraftwerk kostet etwa 2 Mrd. Dollar. Alle 130 Kraftwerke kosten zusammen 260 Mrd. und das sind nur etwa 13 % der weltweiten jährlichen Rüstungsausgaben von 2 Billionen Dollar.

Eine viel billigere Alternative, um das Niveau der ärmsten Länder anzuheben, wären natürlich Einsparungen bei den elektrisch reichsten Staaten. Ihnen wäre Stromsparen im Rahmen von 10 % durchaus zuzumuten, denn hier gibt es viele Möglichkeiten beim Heizen und Kühlen der Gebäude, in der Industrie, im Verkehr, in der Kommunikation usw.

Was bleibt uns also zu tun? Ein Zehntel der Menschheit hat viel zu wenig zu essen und viel zu wenig elektrische Energie. Wären die Reichen bereit, etwa 10 % ihrer Ressourcen an die Armen abzugeben, so wäre schon viel geholfen. Die Völkerwanderung in die Industrieländer und die Verteilungskriege könnten aufhören. Alle Appelle an die menschliche Vernunft blieben aber bisher vergeblich. Es sei nur an das Buch „Die Grenzen des Wachstums" erinnert. Dieses Buch hat 1972 das Bewusstsein der Öffentlichkeit für das Bevölkerungsproblem aufgerüttelt. Es bleibt daher die sozialpolitische Aufgabe bestehen, der Vernunft durch Druck Gehör zu verschaffen. Weil das bisher sowohl von demokratischen als auch von diktatorischen Regierungen nicht getan wurde, bleiben nur noch die Vereinten Nationen als Initiatoren (s. Weltbevölkerungskonferenz 2019 in Nairobi). Deren Macht muss gestärkt werden. Nach zwei Weltkriegen und der permanenten Fähigkeit zur Selbstauslöschung muss die Menschheit sich endlich von der Idee befreien, dass der Stärkere Recht hat oder gewinnt, wie Charles Darwin es ausgedrückt hat.

3

Das Wachstumsproblem –
morgen

Wie erwähnt, wächst die Erdbevölkerung bis zum Jahr 2050 von jetzt acht auf dann 10 Mrd. Menschen. Dabei wird angenommen, dass die jetzige **Wachstumsrate** von 1,09 % pro Jahr konstant bleibt. Allerdings ist sie seit 1950 kontinuierlich um etwa die Hälfte kleiner geworden. Geht diese Abnahme auf 0,5 %, dann haben wir 2050 „nur" etwa 9,3 Mrd. Menschen zu versorgen. Das ist in Abb. 3.1 zu sehen. Die genauere Zahl hängt von der Entwicklung der durchschnittlichen Geburtenrate in den einzelnen Kontinenten ab. In den Industrieländern liegt sie jetzt bei 1,5 Kindern pro Frau, in der Südhälfte Afrikas noch bei 4,5, weltweit bei 2,3. Man sagt zwar, dass die Geburtenrate mit zunehmender Bildung sinkt und die Bildung nimmt ja weltweit zu, auch in den Entwicklungsländern. Allerdings stagniert der Intelligenzquotient trotzdem seit etwa 1995 [3], oder er nimmt lokal sogar ab [18]. Die Ursachen dafür sind bis heute nicht klar. Man diskutiert in diesem

© Der/die Autor(en), exklusiv lizenziert an Springer-Verlag GmbH, DE, **11**
ein Teil von Springer Nature 2023
K. Stierstadt, *Brot und Strom für 10 Milliarden Menschen*,
https://doi.org/10.1007/978-3-662-67922-7_3

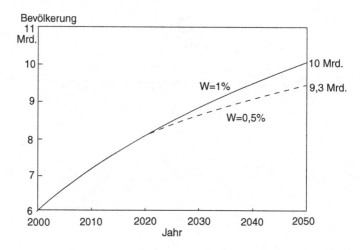

Abb. 3.1 Bevölkerungsentwicklung für zwei verschiedene mittlere Wachstumsraten W. 2020 lebten etwa 3 Mrd. Menschen auf dem Land und 5 Mrd. städtisch, 2050 werden es 3,5 bzw. 6,5 Mrd. sein

Zusammenhang über die Völkerwanderung von Süden nach Norden, die Altersstruktur, Ernährungsgewohnheiten und die elektronischen Medien. Ob man daraus auf die Entwicklung der Geburtenrate auch in den Entwicklungsländern schließen kann, ist unsicher. Bildung und Intelligenzquotient sind ja verschiedene Dinge. Sei dem wie es will, wir werden nun zunächst abschätzen, wieviel Nahrung und elektrische Energie wir bis 2050 für die zusätzlichen 2 oder 1,3 Mrd. Neubürger zur Verfügung stellen müssen.

Nehmen wir an, jeder Mensch soll im Mittel täglich 2000 kcal **Nahrung** zur Verfügung haben (Männer 2300, Frauen 1800). Davon sollten nach Meinung der Ernährungswissenschaftler 55 % aus Kohlenhydraten bestehen, 30 % aus Fett und 15 % aus Eiweiß. Für Kohlenhydrate als Getreide wären das 1100 kcal bzw. 370 g täglich oder 135 kg pro Jahr. Wieviel Ackerfläche braucht man für eine Person für diese Getreidemenge? Der Ertrag von Weizen liegt in der modernen Landwirtschaft bei 8–10 t pro Hektar, also 0,8–1 kg pro Quadratmeter. Weltweit sind es aber nur 3,5 t pro Hektar. Für jede Person werden also mindestens 135 m^2 Anbaufläche gebraucht, für Reis ebenso viel, für Mais etwas weniger. Die 2 Mrd. Neubürger benötigen dann ungefähr 270.000 km^2 neue Anbaufläche. Das wären etwa zwei Drittel der Fläche Deutschlands. Weltweit gesehen ist das jedoch nicht viel (Näheres in Kap. 4). Mehr Platz als für Getreide braucht man dagegen für die Fleischproduktion, nämlich etwa dreimal so viel für den Futteranbau und zehnmal so viel für Weideland, jedenfalls beim heutigen Fleischkonsum in den Industrieländern. Flächenmäßig wäre es daher rationeller, mehr pflanzliches Eiweiß zu produzieren und zu konsumieren als tierisches. In Abb. 3.2 sind diese Verhältnisse skizziert. Die ganze Menschheit braucht dann 2050 etwa 1,35 Mrd. t Getreide und 260 Mio. t Fleisch und Milch, die 2 Mrd. Neubürger jeweils ein Fünftel davon. Ein einschränkender Faktor bei der Agrartechnik ist natürlich der **Wasserverbrauch**. Immerhin benötigt die Landwirtschaft weltweit 70 % des verfügbaren Süßwassers, die Industrie 20 % und die Kommunen 10 %. In großen Teilen der Welt wird etwa gerade so viel Süßwasser verbraucht, wie durch Niederschläge dauernd nachgeliefert wird. Grundwasser ist dagegen vielerorts knapp und teuer, vor allem in Südostasien, im mittleren Orient und in Teilen Europas und der USA.

Auf dem **Energiesektor** müssen die neuen 2 Mrd. Menschen vor allem mit Elektrizität versorgt werden. Einschließlich Wirtschaft und Industrie sollten für jeden neuen Erdenbewohner im Mittel 0,7 kW elektrischer Leistung zur Verfügung stehen, so viel wie in den heutigen Industrieländern. Das ergibt zusammen 1400 Gigawatt bzw. die Leistung von 1400 großen Wärmekraftwerken. Sollen diese bis 2050 in Betrieb sein, so müsste man jetzt anfangen,

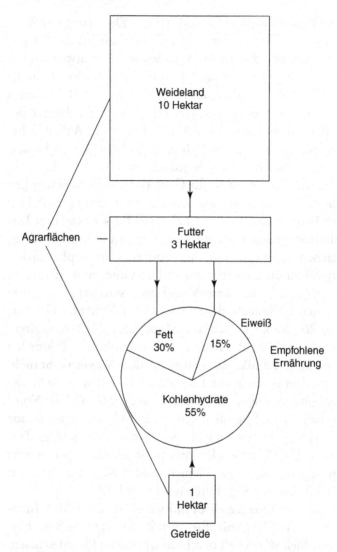

Abb. 3.2 Zusammensetzung der Nahrung und Flächenbedarf für deren Erzeugung

jedes Jahr etwa 50 neue zu bauen, eines für je 2 Mio. Neubürger. Die Kosten dafür sind allerdings erheblich, etwa
2 Mrd. Dollar für ein Gas-, Öl- oder Kohlekraftwerk und
5–10 Mrd. für ein Kernkraftwerk. Außerdem sind solche
Kraftwerke umweltschädlich. Sie verschlechtern das Klima
oder erzeugen radioaktive Abfälle [5,6]. Viel billiger wäre
es, die 1400 Gigawatt mit **Sonnenenergie** zu erzeugen.
Zwar baucht man dazu große Flächen, die aber weltweit
vorhanden wären (Näheres im Kap. 4). Es gibt zwei
wirtschaftlich sinnvolle Methoden zur Sonnenenergie-
nutzung, Windkraftwerke und Photovoltaik [7]. Im Wind
wird die Sonnenstrahlung in Bewegungsenergie umgewandelt, in Solarzellen direkt in elektrische Energie.

Windräder (Abb. 3.3) sind heute allgemein bekannt
und zum Teil auch schon vertraut. Ein solches Gerät liefert
bei guten Windverhältnissen, mehr als 15 m/s (Wind-
stärke 7), bis zu 5 Megawatt elektrische Leistung. Um ein
Gigawatt zu erzeugen, das Äquivalent eines großen Wärmekraftwerks, braucht man dann etwa 200 Windräder. So ein
„kleiner" Windpark ist heute relativ schnell errichtet. Bisher sind weltweit etwa 150.000 Windräder installiert. Für
die zusätzlich benötigten 1400 Gigawatt braucht man insgesamt 280.000 neue Windräder. Zum Glück gibt es noch
genug Platz dafür (s. Kap. 4). Ein 5-Megawatt-Windrad
kostet etwa 3 Mio. Dollar, ein Gigawatt Leistung also
600 Mio. Das sind nur ein Drittel der Kosten eines entsprechenden Wärmekraftwerks mit Gas- oder Kohleheizung
oder ein Zehntel eines Kernkraftwerks. Will man schließlich 50 Gigawatt Windleistung jährlich installieren, um bis
2050 für die Neubürger fertig zu sein, so kostet das 30 Mrd.
Dollar im Jahr, nur ein Siebzigstel der jährlichen Rüstungsausgaben!

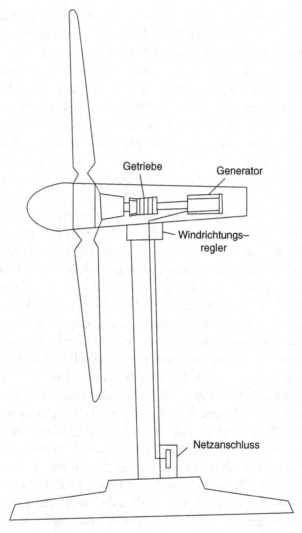

Abb. 3.3 Konstruktion eines Windrads

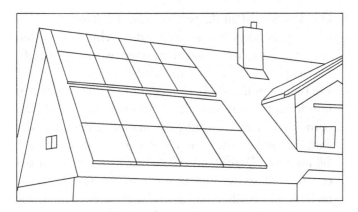

Abb. 3.4 Solarzellen auf einem Hausdach

Will man andererseits die 1400 Gigawatt mit Hilfe von **Solarzellen** aufbringen, so braucht man dafür größere Flächen. Solarmodule sind etwa 1 m² große Schichten aus Silizium, in denen Sonnenlicht in elektrischen Strom verwandelt wird (Abb. 3.4). Ein Quadratmeter der heute üblichen Module liefert in Mitteleuropa bei schönem Wetter etwa 200 W. Für die 1400 Gigawatt bräuchte man dann 7000 km². Das sind etwa 2 % der Fläche Deutschlands. Hinzu kommt etwa ein Viertel mehr für die Stromleitungen und Versorgungseinrichtungen. In den Wüstengebieten der Erde wäre allerdings genügend Platz, die Sahara ist etwa 1300-mal so groß. Die heute üblichen Module mit 200 W pro Quadratmeter kosten etwa 300 Dollar pro Stück. Für die 1400 Gigawatt braucht man dann ungefähr 2 Billionen Dollar, gerade so viel wie die jährlichen Rüstungsausgaben. Solarzellen sind also teurer als Windräder. Aber sie sind eine Alternative in Gegenden mit wenig Wind und viel Sonne.

Wir kommen nun noch einmal zurück auf die Anfang dieses Abschnitts erwähnte **Bevölkerungsvermehrung**. Es gibt mehrere Möglichkeiten, die Geburtenrate zu senken:

1. Die Ein-Kind-Politik, wie sie von 1980 bis 2015 in China praktiziert wurde: Paare, die mehr als ein Kind bekamen, mussten bezahlen oder wurden bestraft. Das ist politisch schwer durchsetzbar.
2. Ein billiger und einfacher Zugang zu Verhütungsmitteln mit der notwendigen Aufklärung: Das ist in vielen Ländern Afrikas, Asiens und Südamerikas leider nicht der Fall, hier wirken vor allem die Religionen als Bremser.
3. Bildung und Wohlstand erhöhen: Es wird weltweit beobachtet, dass die Geburtenrate sinkt, wenn Kinder nicht mehr als Altersversorgung betrachtet werden, wie es in vielen Ländern heute noch der Fall ist. Die Frauen in diesen Ländern würden weniger Kinder bekommen, wenn sie wüssten, dass sie dann im Alter versorgt wären und nicht hungern müssten.

Diese dritte Möglichkeit zur Geburtenbeschränkung ist wahrscheinlich am leichtesten realisierbar. Allerdings erfordert sie die Bereitschaft zur Umverteilung des Reichtums. Um Wohlstand und Bildung in Entwicklungsländern merklich zu erhöhen, müsste die weltweite Entwicklungshilfe mindestens verzehnfacht werden, und das wäre noch nicht mal die Hälfte der weltweiten Rüstungsausgaben, heute jährlich 2 Billionen Dollar. Aber es gibt außer den Widerständen gegen eine Umverteilung noch Argumente ganz anderer Art gegen eine Geburtenbeschränkung: Leider beharren Teile der großen Weltreligionen immer noch auf dem veralteten Standpunkt: „Vermehrung ist gut und Empfängnisverhütung ist Sünde". So haben kürzlich sowohl das Oberhaupt einer christlichen Kirche als auch der Präsident eines muslimischen Staates behauptet, mindestens drei Kinder pro Familie seien erwünscht und gottgefällig. Würde das die Regel, so hätten wir in drei Generationen doppelt so viele Menschen auf der Erde wie heute. Wovon diese dann leben sollten, das sagen die Religionsvertreter leider nicht.

4

Das Flächenproblem

Gibt es genügend Platz an der Sonne? Wie wir wissen, benötigt sowohl die Nahrungs- als auch die Stromproduktion Sonnenlicht, also möglichst viele freie Flächen auf der Erde. Haben wir genug davon? Zum Überblick betrachten wir in Abb. 4.1 die Aufteilung der Erdoberfläche für verschiedene menschliche Bedürfnisse. Dies ist eine Schätzung für 10 Mrd. Menschen mit mitteleuropäischem Lebensstandard im Jahr 2050. Die hier als **Photovoltaik** bezeichneten 150 m² bräuchte man für die *gesamte* pro Person benötigte Energie, wenn sie allein durch Solarzellen mit mitteleuropäischem Beleuchtungsgrad erzeugt werden würde. „Gesamte Energie" heißt: alles was für das Leben gebraucht wird, für Nahrung, Industrie, Wirtschaft, Verkehr usw. Der elektrische Strom für alle diese Bereiche benötigte dagegen nur etwa ein Fünftel davon, nämlich 32 m². Die Abb. 4.1 zeigt also, dass mehr als genügend noch ungenutztes Land verfügbar ist, um den Energiebedarf der Menschheit allein mit Solarzellen zu decken. Zum ungenutzten Land gehören auch Wüsten, Gebirge, Tundren, Steppen usw.

© Der/die Autor(en), exklusiv lizenziert an Springer-Verlag GmbH, DE, ein Teil von Springer Nature 2023
K. Stierstadt, *Brot und Strom für 10 Milliarden Menschen*,
https://doi.org/10.1007/978-3-662-67922-7_4

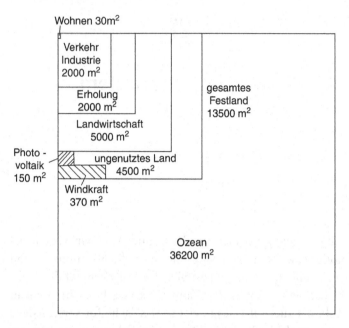

Abb. 4.1 Verfügbare Flächen pro Person (ohne Antarktis) im Jahr 2050 bei mitteleuropäischem Lebensstandard

Bei der **Photovoltaik** werden die verfügbaren Flächen dicht belegt und die 150 m² pro Person in Abb. 4.1 können nicht anderweitig benutzt werden. Für ein Dorf mit beispielsweise 5000 Einwohnern braucht man immerhin 0,8 km² Gesamtfläche oder 50 Fußballfelder. Das Dach eines großen Einfamilienhauses mit etwa 160 m² reicht dagegen nur für die Gesamtenergie einer einzelnen Person oder für die elektrische Energie einer fünfköpfigen Familie. Wollte man ganz Deutschland mit Strom aus Solarzellen versorgen, so bräuchte man 25.000 km², etwa 7 % seiner Gesamtfläche. Das ist unrealistisch. Das Problem ist allerdings nicht so gravierend, wie man denkt. Erstens haben wir ja die Windräder, die viel weniger Fläche pro erzeugte Leistung brauchen. Und zweitens gibt es noch viele ungenutzte Flächen in Deutschland, die mit Solarzellen belegt werden könnten: Alle Hausdächer, Hauswände, Fabrikhallen, Randstreifen von Autobahnen, Eisenbahngleise usw. Allerdings kommt die Photovoltaik stellenweise in Konflikt mit der Landwirtschaft, und man muss entscheiden, was uns wichtiger ist: Die 200 W pro m² elektrische Leistung bei Sonnenschein oder 1 kg Weizen pro Quadratmeter und Jahr mit einem Nährwert von ca. 3000 Kalorien. Eine kurze Rechnung zeigt das erwartete Ergebnis, nämlich den Vorteil der Photovoltaik (1 J = 0,239 cal).

Würde man anstatt Solarzellen **Windkraftanlagen** einsetzen, so bräuchte man nach Abb. 4.1 etwa 370 m² pro Person. Das ist nicht so viel wie es klingt, denn unter Windrädern kann man wohnen sowie Landwirtschaft und Industrie betreiben [16]. In Abb. 4.2 ist als Beispiel zu sehen, wieviel Fläche in Deutschland unter den oben genannten Bedingungen für die gesamte Energieversorgung allein durch Windkraft benötigt würde. Die 6,3 % der landwirtschaftlich genutzten Fläche sind dabei natürlich nicht als lückenlos mit Windrädern bepflastert zu denken. Diese stehen im Durchschnitt 300 m voneinander entfernt, um einen guten Wirkungsgrad zu erhalten, etwa vier auf einen Quadratkilometer

Nun kommen wir zur **Ernährung** bzw. zur Landwirtschaft. Nicht alles ungenutzte Land kann dafür herhalten. Von den 150 Mio. km² Festland auf der Erde sind nur etwa 60 Mio. im Prinzip „agrarfähig", und zwar ohne künstliche Bewässerung [8]. Der größere Rest sind Wüsten, Wälder, Gebirge, eisbedeckte Flächen, Permafrostböden, Stadt- und Industrieregionen. Von den agrarfähigen 60 Mio. km² werden heute nur etwa 23 Mio. landwirtschaftlich genutzt, 15 % des gesamten Festlands. Dieser Anteil ist natürlich weltweit recht ungleichmäßig verteilt. Während in den Industrieländern drei Viertel der verfügbaren Flächen für Anbau und Weideland verwendet werden, sind es im südlichen Afrika nur ein Viertel und in Südamerika nur ein Fünftel. Die Tab. 4.1 zeigt einen Überblick über die Verhältnisse auf den verschiedenen Kontinenten.

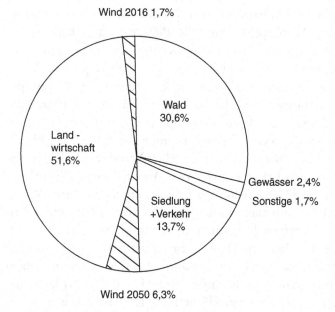

Wind 2016 1,7%

Wald
30,6%

Land -
wirtschaft
51,6%

Gewässer 2,4%

Siedlung
+Verkehr
13,7%

Sonstige 1,7%

Wind 2050 6,3%

Abb. 4.2 Flächenstruktur Deutschlands im Jahr 2010 (Gesamtfläche 358.000 km²). Die von Windrädern überdeckten Flächen sind schraffiert und gehören zu den 51,6 % Landwirtschaft, wofür sie auch teilweise genutzt werden können

Tab. 4.1 Flächen und Flächennutzung der Kontinente (in Mio. km²)

Kontinent	Größe	Urbares Land	Landwirtsch. genutzt
Asien	44,8	8,75	5,25
Afrika	30,3	12,3	2,3
Nordamerika	24,7	13	6
Südamerika	17,8	11,6	2,0
Europa	10,1	8	4
Australien/ Ozeanien	8,6	6	4
Gesamt ca.	136	60	23

Reicht nun die Festlandfläche unserer Erde für die Ernährung von 10 Mrd. Menschen im Jahr 2050 mit europäischem Lebensstandard? Dazu müssen wir die 5000 m² pro Person aus Abb. 4.1 mit 10 Mrd. multiplizieren. Das ergibt

50 Mio. km^2. Nach Tab. 4.1 haben wir 60 Mio. zur Verfügung, also würde es reichen. Aber das Bevölkerungswachstum muss dann wirklich bald aufhören, denn allzu viel Reserve ist nicht mehr da, und lange bevor wir an die Grenze kommen, werden die Verteilungskämpfe aufgrund der sozialen Unterschiede weiter zunehmen und die daraus entstehenden Konflikte würden den Fortbestand unserer Zivilisation gefährden. Zusammenfassend lässt sich sagen: Für die Stromversorgung der 10 Mrd. reicht die Fläche unserer Erde, für die Nahrungsversorgung wird es jedoch knapp.

5

Das Nahrungsproblem

5.1 Die Photosynthese

Alle Tiere ernähren sich von Pflanzen oder von anderen Tieren, die sich wieder von Pflanzen ernähren. Auch der Mensch macht es nicht anders. Was haben denn die Pflanzen anderen Organismen voraus, dass sie die Ernährungsgrundlage aller Lebewesen sind? Das ist insbesondere der Farbstoff Chlorophyll in den **grünen Pflanzen**. Sie vollbringen damit das Kunststück, aus Licht, Wasser und Kohlendioxid die wichtigsten Nährstoffe für Menschen und Tiere herzustellen, Kohlenhydrate, Zucker und Stärke sowie den Sauerstoff zum Atmen. Ohne die grünen Pflanzen könnten wir also nicht existieren. Wir machen jetzt einen kurzen Ausflug in die Biochemie und besprechen kurz die Photosynthese, nämlich die Prozesse, mit denen die Pflanzen arbeiten (Genaueres dazu im Anhang „Die Photosynthese"). Die chemische Bruttoreaktion dieses Vorgangs lautet:

© Der/die Autor(en), exklusiv lizenziert an Springer-Verlag GmbH, DE, ein Teil von Springer Nature 2023
K. Stierstadt, *Brot und Strom für 10 Milliarden Menschen*,
https://doi.org/10.1007/978-3-662-67922-7_5

$$6\,CO_2 + 6\,H_2O + Licht \rightarrow C_6H_{12}O_6 + 6\,O_2$$

Kohlendioxid + Wasser + Energie
$\rightarrow$ Glucose + Sauerstoffdioxid

Hier steht „Licht" für eine Zahl von 10 bis 50 Lichtquanten aus dem blauen und roten Bereich des Sonnenspektrums pro Glucosemolekül. Das ist Licht mit Wellenlängen um die 450 und 680 Nanometer. Der grüne Bereich des Spektrums wird nicht absorbiert, sondern reflektiert („Grünlücke"), und darum sehen die Pflanzen natürlich grün aus. Unsere Augen sind auch gerade im Grünen besonders empfindlich, damit wir unsere primäre Nahrung gut finden können.

Außer dem Zuckermolekül **Glucose** (Traubenzucker) erzeugen die Pflanzen noch das Molekül Fruktose mit der gleichen Bruttoformel $C_6H_{12}O_6$ aber etwas anderer Struktur. Je eines dieser beiden Moleküle bildet zusammen den normalen Haushaltszucker namens Saccharose $C_{12}H_{22}O_{11}$ (Abb. 5.1a). Neben diesen Zuckerarten erzeugen die Pflan-

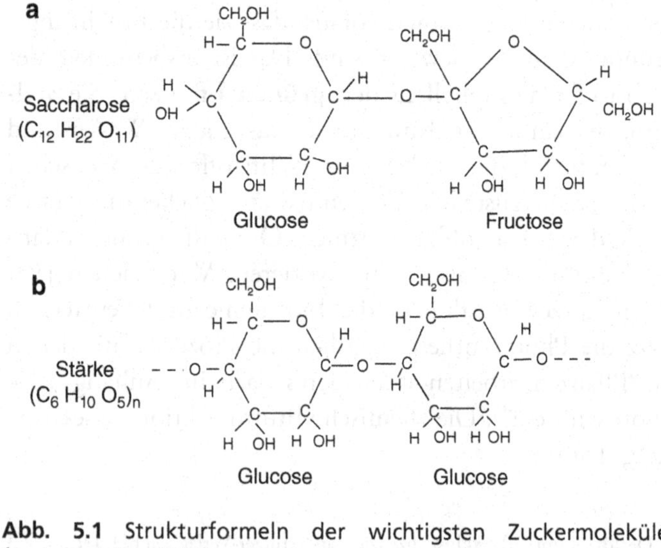

Abb. 5.1 Strukturformeln der wichtigsten Zuckermoleküle (n etwa einige 1000)

zen vor allem **Stärke**. Sie besteht aus kettenförmigen Molekülen von einigen tausend Glucose-Einheiten (Abb. 5.1b). Diese Stärke ist der wesentliche Inhalt aller Getreidekörner und Knollenfrüchte (Maniok, Kartoffeln). Der biologisch wichtige Unterschied zwischen Zucker und Stärke besteht darin, dass der erste wasserlöslich ist, die zweite aber nicht. Und Stärke kann daher als Langzeitspeicher dienen, zum Beispiel in den Früchten.

Wie machen es nun die grünen Pflanzen genau, dass sie aus Licht, CO_2 und H_2O Zucker und Stärke zu produzieren? Das ist ein recht komplizierter chemischer Prozess mit mindestens 23 Teilreaktionen, der erst um 1950 aufgeklärt wurde [7]. Ein prinzipielles Schema zeigt Abb. 5.2. Es besteht aus zwei Teilen, einem Lichtsammler und einem Kohlendioxidsammler. Im ersten werden die Moleküle Sauerstoff (O_2), Adenosintriphosphat (ATP) und Nicotinamid-adenin-dinucleotid-phosphat (NADPH) aus Wasser und Licht hergestellt. Im zweiten wird mit diesen Enzymen aus Kohlendioxid das Molekül Glyzerinaldehyd-3-phosphat (G3P) erzeugt, das mit fünf weiteren Enzymen dann Zucker und Stärke produziert. Soweit unser Ausflug in die Biochemie, eine genauere Beschreibung der Photosynthese findet sich im Anhang.

Der Wirkungsgrad der Photosynthese ist das Verhältnis von chemischer Energie der Produkte zur Energie der absorbierten Lichtquanten und beträgt nur etwa 0,1 %. Das heißt aus einem Joule Lichtenergie werden 1 Millijoule oder 0,00024 cal Nahrungsenergie. Bezogen auf die ganze Erde wird natürlich sehr viel Sonnenenergie durch die Photosynthese umgesetzt, nämlich etwa 45.000 Gigawatt. Das ist das Doppelte des Primärenergieverbrauchs der ganzen Menschheit! Dabei werden pro Tag etwa 140 km^3 Wasser durch die Pflanzen transportiert, das Dreifache des Volumens des Bodensees, nach anderen Schätzungen sogar wesentlich mehr.

Aller Sauerstoff in unserer Atmosphäre wurde durch die Photosynthese der grünen Pflanzen erzeugt, und das hat vor etwa 2,3 Mrd. Jahren mit Bakterien und Algen im Wasser begonnen. Vorher gab es fast keinen Sauerstoff in der Luft. Vor 500 Mio. Jahren besiedelten die ersten moosartigen Pflanzen das Festland und produzierten immer größere Mengen Sauerstoff. Heute enthält unsere Atmosphäre etwa 20 Vol. % davon. Er dient aber nicht nur zum Atmen, sondern auch in der Ozonschicht (O_3) in etwa 20 km Höhe als Strahlenschutz gegen die lebensschädliche UV-Strahlung der Sonne. Außer den grünen Algen und Gefäßpflanzen können nur noch die grünblauen Cyano-Bakterien Photosynthese betreiben. Sie haben ein ähnliches Reaktionsschema wie in Abb. 5.2.

Es hat nicht an Versuchen gefehlt, die Photosynthese der Pflanzen technisch nachzuahmen. Zwar ist es auf diese Weise gelungen, durch Licht und geeignete Katalysatoren Wasser in Sauerstoff und Wasserstoff zu spalten. Auch hat man daraus schon einfache Kohlenwasserstoffe wie Methanol im Labor herstellen können. Aber auf dem Weg zu komplexen Produkten wie Zucker und Stärke ist noch kein Erfolg in Sicht. Man hat bis heute noch nicht die richtigen Katalysatoren bzw. Enzyme gefunden, um Photosynthese im Reagenzglas durchzuführen. Was die Natur in 2,5 Mrd. Jahren entwickelt hat, das kann die moderne Chemie leider noch nicht.

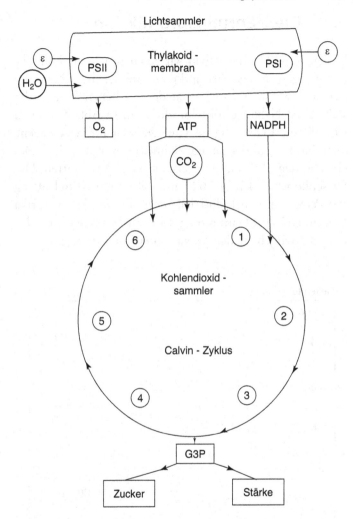

Abb. 5.2 Vereinfachte Darstellung der Photosynthese. Edukte in Kreisen, Produkte in Rechtecken, PS Photosystem, ε Lichtquanten. Der Calvin-Zyklus (nach Melvin Calvin) besteht aus sechs Schritten, in denen durch Enzyme schließlich G3P hergestellt wird

5.2   Die Nahrungsproduktion

In den Kap. 2 und 3 haben wir gesehen, wie die Menschheit hungert und wächst und daher immer mehr Nahrung braucht. Wir betrachten dazu den zeitlichen Verlauf der weltweiten Nahrungsmittelproduktion. In Abb. 5.3 sehen wir, wie die Erzeugung im Lauf der Zeit für verschiedene Getreidearten und Knollenfrüchte zugenommen hat. Das Gleiche zeigt Abb. 5.4 für verschiedene Fleischsorten. Der Fleischkonsum betrug 2020 im weltweiten Mittel 40 kg pro Person, in den Industrieländern über 80 kg, in Afrika aber unter 20 kg. Ganz grob gesehen, haben sich die produzierten Mengen in den vergangenen 30 Jahren etwa ver-

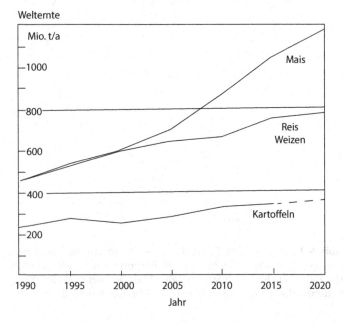

Abb. 5.3 Zeitlicher Verlauf der Weltproduktion von Getreide und Kartoffeln in Millionen Tonnen pro Jahr. Außerdem wurden im Jahr 2020 300 Mio. t Maniok erzeugt

Weltproduktion

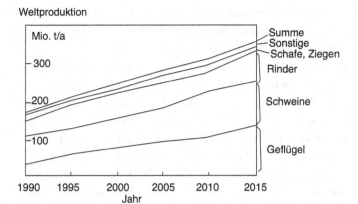

Abb. 5.4 Zeitlicher Verlauf der Weltproduktion von Fleisch in Millionen Tonnen pro Jahr

doppelt, während die Weltbevölkerung nur um ein Drittel gewachsen ist. Der Hunger wurde also schon einigermaßen bekämpft. Und das beruhte auf den Fortschritten in der Produktivität, der Boden- und der Saatgutbehandlung, der Düngung und Schädlingsbekämpfung, der Erntetechnik und der Vorratshaltung usw. Der starke Anstieg beim Mais in Abb. 5.3 kam zustande, weil diese Pflanze zunehmend als Tierfutter Verwendung fand, in letzter Zeit auch als Biokraftstoff. Allerdings ist Mais als Tierfutter ernährungstechnisch eine Verschwendung, denn für 1 kcal in Form von Rindfleisch braucht man 10 kcal in Form von Mais. Außerdem benötigt Mais relativ viel Wasser. Die Agrarwirtschaft verbraucht zurzeit 70 % des gesamten verfügbaren Süßwassers der Welt. Wassermangel herrscht vor allem in Nordafrika und in Süd- und Südwestasien. Hier wäre die Technik der Meerwasserentsalzung von großem Nutzen. Solche Anlagen gibt es vor allem in Israel und in Arabien. Ein Werk in Dubai liefert täglich 500.000 m³ Trinkwasser zu einem Preis von 2,50 Dollar pro m³.

Außer Wasser brauchen Pflanzen, die immer wieder auf denselben Böden wachsen, zusätzliche Nährstoffe. Das sind vor allem Stickstoff und Kalium als Nitrat und Phosphor als Phosphat. Den Stickstoff könnten sie bei der Photosynthese zwar zum Teil direkt aus der Luft nehmen. Mit Kalium und Phosphor muss aber gedüngt werden, und Phosphor ist ein nicht sehr häufiges Element. Würde man die Böden mit genügend Wasser und Düngemitteln versorgen, so könnte man viele Erträge um bis zu 70 % steigern [9]. Das betrifft vor allem Afrika und Südamerika, aber auch Osteuropa. Auf diese Weise ließe sich der Hunger in der Welt schon heute erheblich reduzieren.

Selbst bei fortschrittlicher Landwirtschaftstechnik wachsen aber nicht überall auf der Welt alle Nahrungspflanzen gleich gut, denn wesentliche Faktoren sind das Klima, Temperatur und Feuchtigkeit sowie Wind und Bodenbeschaffenheit. Ananas gedeiht nicht in Alaska und Roggen nicht am Kongo. Kartoffeln können Kälte vertragen, Maniok dagegen nicht. Das Klima ist auch entscheidend für den Wirkungsgrad der Photosynthese (s. Abschn. 5.1). Und die moderne Agrartechnik ist leider in vielen Regionen der Erde nur schwach entwickelt. In Afrika und in Asien werden 80 % der Nahrungsmittel in kleinbäuerlichen Familienbetrieben erzeugt. Dabei geht oft die Hälfte des möglichen Ertrags verloren.

Neben dem zeitlichen Verlauf der Produktivität einzelner Nahrungsmittel ist für das weltweite Hunger- und Wachstumsproblem deren zukünftige Entwicklung entscheidend. Das ist in Abb. 5.5 am Beispiel des Weizens skizziert. Die durchgezogene Linie zeigt von 1990 bis 2020 die Weizenproduktion der vergangenen 30 Jahre. Wächst die Menschheit im bisherigen Maß weiter, so brauchen wir statt im Jahre 2050 1100 Mio. t statt der heute 750 Mio. t davon (durchgezogene Linie nach 2020). Wollen wir

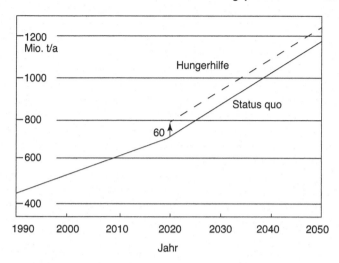

Abb. 5.5 Prognostizierter zeitlicher Verlauf der weltweiten Weizenproduktion in Millionen Tonnen pro Jahr. Der „Hungerzuschlag" beträgt etwa 60 Mio. t pro Jahr

zusätzlich den Hunger der heute 800 Mio. Ärmsten beseitigen, so müssen wir jedes Jahr noch 60 Mio. t mehr produzieren (gestrichelte Linie). Das ist berechnet für eine tägliche Zulage von 600 kcal bzw. 200 g Weizen pro Person. Dann erhöht sich die notwendige Menge auf 1210 Mio. t pro Jahr, eine Zunahme von 50 % gegenüber heute. Die derzeitige Anbaufläche für Weizen beträgt weltweit 2,2 Mio. km², ein Zehntel der gesamten landwirtschaftlich genutzten Fläche (s. Tab. 4.1). Eine Vergrößerung um 50 % auf 3,3 Mio. km² ist aber durchaus möglich, denn es stehen nach der Tabelle 60 Mio. km² urbares Land zur Verfügung, wovon erst ein Drittel genutzt wird. Wir könnten also erzeugen, was wir brauchen, wir müssen es nur wollen!

6

Das Energieproblem

6.1 Die Stromerzeugung

Außer Nahrung brauchen die Hungernden und die Neubürger natürlich Energie. Bisher haben wir fast nur von der
elektrischen Form der Energie gesprochen, das heißt vom
elektrischen Strom, der für Menschen unverzichtbar ist, sobald sie einen bestimmten Zivilisationsstand erreicht haben.
Energie verbrauchen wir aber in vielen verschiedenen For-
men: als Bewegungsenergie in Maschinen und Fahrzeugen,
als Wärmeenergie zum Heizen und in der Industrie, und
natürlich als chemische Energie in der Nahrung, wie in
Kap. 5 besprochen. In Abb. 6.1 sind die Anteile der verschiedenen Energieformen am Gesamtbedarf für ein hoch
industrialisiertes Land wie Deutschland dargestellt. Woher
wir diese Energieformen beziehen, das zeigt Abb. 6.2. Letzten Endes stammt aber alle diese Energie von der Sonne,
mit Ausnahme der Kernenergie, denn die fossilen Energie-

© Der/die Autor(en), exklusiv lizenziert an Springer-Verlag GmbH, DE, **35**
ein Teil von Springer Nature 2023
K. Stierstadt, *Brot und Strom für 10 Milliarden Menschen*,
https://doi.org/10.1007/978-3-662-67922-7_6

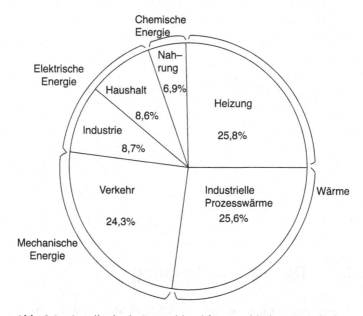

Abb. 6.1 Anteile der in Deutschland für verschiedene Zwecke benötigten Sekundär- bzw. Endenergie. Im Jahr 2020 betrug deren Gesamtleistung 260 Gigawatt. Davon waren etwa 70 Gigawatt elektrische Energie, die zum Teil auch für industrielle Prozesswärme benutzt wird

träger Kohle, Öl und Gas wurden im Lauf der Erdgeschichte aus Pflanzen mit Hilfe von Sonnenlicht erzeugt. Mit Ausnahmen der Wasser- und der Windkraft sowie der Photovoltaik werden alle Energiequellen auf Abb. 6.2 zunächst in Wärme umgewandelt, diese dann zum Teil in Bewegungsenergie und schließlich teilweise in Elektrizität. Wir besprechen gleich weiter unten, wie das geschieht. Vorher wollen wir noch einen Blick auf die Vor- und Nachteile der verschiedenen Energiequellen werfen.

Bekanntlich wird beim Verbrennen der fossilen Rohstoffe Kohle, Öl und Gas sowie von Biomasse (Holz, Stroh usw.) das klimaschädliche Kohlendioxid (CO_2) frei (Näheres in [5] und im Anhang in Abschn. A.6. „Bevölkerungs-

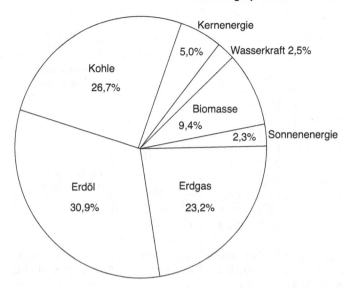

Abb. 6.2 Anteile der verschiedenen primären Energiequellen an der weltweiten Gesamtleistung. Im Jahr 2019 betrug sie rund 20.000 Gigawatt. Die Sonnenenergie wird je etwa zur Hälfte von Solarzellen und Windrädern geliefert

wachstum und Klima"). Beim „Verbrennen" von Uran im Kernreaktor entstehen radioaktive Abfälle (Atommüll), die zu lebensgefährlichen Strahlenschäden führen können [6]. Nur die Wasserkraft, die Windkraft und die Photovoltaik sind weitgehend umweltverträglich. Bekanntermaßen sind die Vorräte an fossilen Brennstoffen und Uran begrenzt und gehen bald zu Ende (Abb. 6.3). Es gibt zwar davon im Mittel noch etwa 70-mal so viel sichere und nutzbare Reserven, wie wir heute jährlich verbrauchen. Sobald diese aufgezehrt sind, also in etwa 100 Jahren, ist das Ende der herkömmlichen Energiegewinnung erreicht, denn die Ausbeutung der 15-mal so großen vermuteten, aber nicht nutzbaren Reserven, die in großer Tiefe oder in den Polargebieten lagern, würde mit allen bekannten Verfahren viel zu teuer.

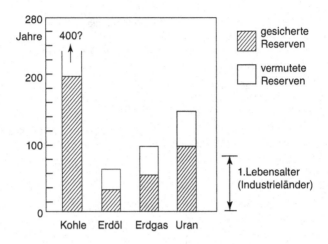

Abb. 6.3 Voraussichtliche Nutzungsdauer der Reserven fossiler Brennstoffe und von Uran. Die „vermuteten Reserven" sind noch wirtschaftlich nutzbar

Nun kommen wir zurück zur Elektrizität. Bekanntlich kann man die meisten Energieformen ineinander umwandeln [7], so auch Wärme und Bewegung in elektrische Energie. Sie ist diejenige, die am vielseitigsten verwendbar ist, denn man kann mit ihr heizen, kühlen, chemische Reaktionen auslösen, Bewegung erzeugen, Kommunikation und Beleuchtung herstellen usw. Wir wollen kurz erklären, wie man heute elektrischen Strom erzeugt. Die Abb. 6.4a zeigt eine **Dynamomaschine** oder einen **Generator**. Wir kennen diese aus der Schule oder von der Fahrradbeleuchtung. Wenn ein metallischer Draht in einem Magnetfeld bewegt wird, dann wirkt auf die Elektronen im Draht die Lorentz-Kraft (nach Hendrik A. Lorentz): $F = e\,v\,B\,\sin(v,B)$ mit der Elektronenladung e, ihrer Geschwindigkeit v und dem Magnetfeld B (Abb. 6.4b). Das Prinzip dieser elektromagnetischen Induktion stammt von Michael Faraday um 1830. Und Werner von Siemens hat 1866 entdeckt, dass man das Magnetfeld durch den entstehenden Strom selbst erzeugen kann (I in Abb. 6.4). Aber

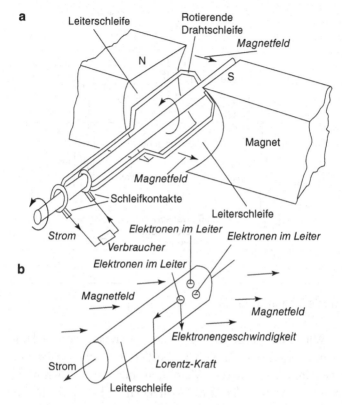

a

Leiterschleife

Rotierende
Drahtschleife

Magnetfeld

N

S

Magnetfeld

Magnet

Schleifkontakte

Leiterschleife

Strom

Verbraucher

Elektronen im Leiter

b

Elektronen im Leiter   *Elektronen im Leiter*

Magnetfeld

Magnetfeld

Elektronengeschwindigkeit

Strom

Lorentz-Kraft

Leiterschleife

Abb. 6.4 Prinzip einer Dynamomaschine: (**a**) Anordnung der Leiterschleife L im Magnetfeld B; I Strom, R Verbraucher. (**b**) Lorentz-Kraft F auf bewegte (v) Elektronen ($\ominus$) im Leiter

wo bekommt man die Drehbewegung für den Dynamo her? Nun, entweder aus den Wind- oder Wasserrädern oder aus einer Wärme-Kraft-Maschine. Das kann ein Ottomotor sein wie beim Auto oder eine Turbine, die durch einen heißen Gas- oder Dampfstrahl angetrieben wird (s. Abb. 6.5) [7]. Solche Wärme-Kraft-Maschinen werden heute weltweit zu 90 % mit fossilen Brennstoffen betrieben und zu je etwa 5 % mit Sonnenenergie und mit Kernenergie aus Uran. Wir besprechen sie genauer im Anhang in Abschn. A.7. „Wärme-Kraft-Maschinen".

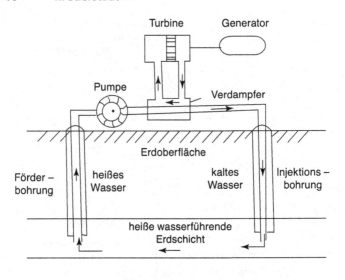

Abb. 6.5 Prinzip einer Geothermie-Anlage

Wie erwähnt, gehen die fossilen Brennstoffvorräte langsam zu Ende (s. Abb. 6.3). Außer den schon weit entwickelten alternativen Methoden der Stromgewinnung, nämlich Windräder und Solarzellen, gibt es noch eine Reihe von in Erprobung befindlichen Verfahren. Das sind einerseits die Wellen-, Strömungs- und Gezeitenkraftwerke, andererseits die mit Erd- oder Meereswärme betriebenen (Geo- bzw. Ozeanothermik). Schließlich gehören auch die mit Wasserstoff geheizten Brennstoffzellen dazu. Wir wollen diese Methoden kurz charakterisieren, denn sie könnten in Zukunft größere Bedeutung erlangen. Vor allem wäre das auf kleinen Inseln sinnvoll, wo oft nur Megawatt-Leistungen gebraucht werden.

• Ein Wellenkraftwerk besteht entweder aus Schwimmkörpern, die durch Wellengang bewegt werden und einen Dynamo antreiben, oder aus einer Rampe, an der das Wasser bergauf läuft und beim Zurückströmen eine Turbine betätigt. Versuchsanlagen an verschiedenen Orten liefern bis zu einem Megawatt Leistung. Ein Nachteil dieser Anordnungen ist ihr großer Verschleiß durch die mechanischen Kräfte der Wellen und das aggressive Salzwasser.

- Beim Meeresströmungskraftwerk wird ein Propeller unter Wasser in Rotation versetzt. Eine Versuchsanlege in der Irischen See liefert ein Megawatt, und in New York läuft seit 2006 eine Demonstrationsanlage mit 200 kW Leistung.

- Ein Gezeitenkraftwerk besteht aus einem Stausee, in den das Wasser bei Flut hinein strömt und bei Ebbe wieder hinaus, wobei es eine Turbine antreibt. Eine der größten derzeitigen Anlagen befindet sich an der französischen Atlantikküste, und hat eine Staumauer von 700 m Länge und 20 m Höhe. Die Spitzenleistung beträgt 200 Megawatt. Das ist natürlich nicht zu vergleichen mit den Flusskraftwerken. Deren größtes, der Drei-Schluchten-Damm in China, hat eine Leistung von 18 Gigawatt, entsprechend 18 großen Kohlekraftwerken.

- Eine andere Art alternativer Energieumwandlung wird in Erd- oder Meereswärmekraftwerken genutzt. Das Meer wird in der Tiefe immer kälter, die Erde immer wärmer. In beiden Fällen kann man die Temperaturdifferenz zur Oberfläche in einer Wärme-Kraft-Maschine verwenden. Das Prinzip solcher Anlagen ist in Abb. 6.5 und 6.6 erklärt. Die Temperatur in 1000 m Meerestiefe beträgt etwa +4 °C, in 4000 m Festlandstiefe etwa +150 °C. Meereswärmekraftwerke gibt es zur Stromversorgung auf einigen pazifischen Inseln. Die Erdwärme rührt vom Zerfall der radioaktiven Elemente im Erdinnern her, hauptsächlich Uran und Thorium. Erdwärmekraftwerke gibt es an vielen Orten vor allem zu Heizzwecken, in Deutschland etwa 25 mit einer Leis-

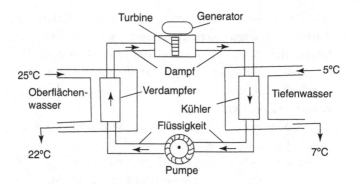

Abb. 6.6 Prinzip eines Meereswärmekraftwerks mit geschlossenem Kreislauf

tung von insgesamt 0,5 Gigawatt. Der Wirkungsgrad dieser Anlagen ist allerdings bescheiden, höchstens 10 %, während die mechanisch betriebenen Kraftwerke (Wellen, Gezeiten, Strömungen) bis zu 50 % erreichen.

Schließlich betrachten wir noch kurz die zukunftsträchtige Wasserstofftechnologie. Wasserstoff liefert bei der Oxidation durch Sauerstoff besonders viel Energie, nämlich 16 Megajoule pro kg erzeugtes Wasser. Diese chemische Energie kann in geeigneter Weise in elektrische umgewandelt werden. Das geschieht zum Beispiel in einer Brennstoffzelle. Darin findet die normale Knallgasreaktion gebremst und gesteuert statt, ähnlich wie die Reaktion der Ionen in einer Batterie oder in einem Akku. Den dafür benötigten Wasserstoff kann man mittels Sonnenenergie auf verschiedene Arten gewinnen: erstens durch Elektrolyse von reinem Wasser bei Temperaturen über 2700 °C, wie sie in Solaröfen erzeugt werden [7], zweitens mit Hilfe von Katalysatoren bei nur etwa 1000 °C und drittens durch Abspaltung von Wasserstoff aus organisch erzeugten Kohlenwasserstoffen, zum Beispiel Methan. Die praktische Handhabung von Wasserstoff ist allerdings anspruchsvoll. An der

Luft ist er potenziell explosiv, im flüssigen Zustand braucht er tiefe Temperaturen (< -252 °C) und im gasförmigen Zustand muss er unter hohem Druck aufbewahrt werden (> 800 atm). Wegen dieses Aufwands ist die Wasserstofftechnologie heute noch nicht so weit verbreitet, wie es möglich wäre.

6.2   Der Strombedarf

Die Erzeugung elektrischen Stroms hat in den letzten 40 Jahren weltweit auf etwa das Dreifache zugenommen, von 900 Gigawatt im Jahr 1980 auf heute 3000 Gigawatt Leistung. In Abb. 6.7a sind die Anteile der verschiedenen Energiequellen an diesem Wachstum zu sehen. Wie wird es weiter gehen, wenn wir bis 2050 noch 1400 Gigawatt mehr brauchen? Das bedeutet, wie im Kap. 3 gezeigt, ein Äquivalent von 50 zusätzlichen Großkraftwerken jährlich. Die heute mit fossilen Brennstoffen oder mit Uran beheizten Kraftwerke haben jedoch, wie gesagt, gravierende Nachteile. Die fossil beheizten Kraftwerke erzeugen Kohlendioxid und verschlechtern das Klima. Kernkraftwerke erzeugen lebensgefährliche radioaktive Abfälle. Flusskraftwerke liefern zwar viel Energie, aber es gibt auf der Welt nicht genügend Orte, an denen im Gigawattbereich noch neue gebaut werden könnten. Ohne diese Nachteile bleibt für die Zukunft nur die Sonnenenergie übrig mit ihren Umwandlungsarten aus Wind, Photovoltaik, Wärme und Biomasse. Diese Energiequellen sind heute in raschem Wachstum begriffen, wie Abb. 6.7b zeigt. Die Sonne liefert uns, wie im Anhang in Abschn. A.2. „Die Sonnenenergie" besprochen wird, einige tausendmal mehr Energie als wir brauchen. In Deutschland kommen heute schon fast 25 % des Stroms aus alternativen Quellen. Allerdings haben Solarzellen und Windräder auch einen prinzipiellen Nach-

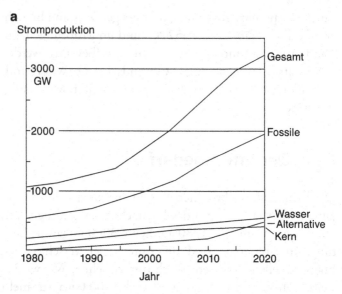

Abb. 6.7 (a) Zeitlicher Verlauf der Elektrizitätserzeugung der Welt aus verschiedenen Quellen. Die elektrische Leistung beträgt etwa 14 % derjenigen für den gesamten Energiebedarf. (b) Energiebeiträge zur Weltleistung aus alternativen Quellen. Zu den sonstigen Anteilen gehört zum Beispiel die Nutzung der Biomasse. Hier ist im Gegensatz zu Teilbild (a) die gesamte Energie erfasst, nicht nur die elektrische

b

Alternative Energien

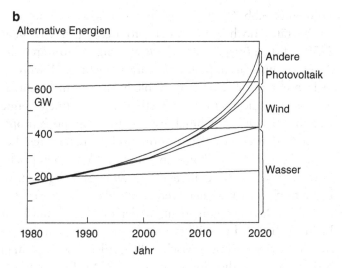

Abb. 6.7 (Fortsetzung)

teil gegenüber konventionellen Kraftwerken: Sie sind vom
Wetter abhängig und liefern nur Strom, wenn die Sonne
scheint oder wenn der Wind weht. Für die Zwischenzeiten
muss man aus anderen Quellen schöpfen, zum Beispiel aus
Energiespeichern. Diese müssen gefüllt werden, wenn genügend Solarstrom oder solcher aus konventionellen Anlagen zur Verfügung steht. Wie das zu machen ist, das besprechen wir im Anhang in Abschn. A.8. „Speicherung
elektrischer Energie".

Wir wollen nun betrachten, wieviel elektrische Leistung
aus den verschiedenen Energiequellen heute hergestellt
wird, und wieviel maximal noch gewonnen werden könnte.
Diese Menge bezeichnet man als das **Potenzial** einer
Energieumwandlungsmethode. Die nutzbare Vorräte der
fossilen Brennstoffe Kohle, Öl und Gas sowie Uran gehen
bei heutigem Verbrauch in etwa 100 Jahren zu Ende, wie
wir in Abb. 6.3 gesehen haben. Aus diesen Quellen werden
weltweit heute 3000 Gigawatt elektrische Leistung ge-

wonnen (s. Abb. 6.7a). Würde man nun jedes Jahr aus diesen Vorräten noch so viel mehr Strom erzeugen, dass man 2050 auf die nötigen 4400 Gigawatt kommt, so wären die Reserven bis dahin praktisch aufgebraucht und würden nicht mehr 70 Jahre reichen. Es bleibt also gar nichts anderes übrig, als die alternativen Methoden der Sonnenenergie auszubauen. Die manchmal diskutierten, aber noch utopischen Verfahren wie Kernfusion und Brutreaktoren besprechen wir im Anhang in Abschn. A.5. „Utopische Energiequellen". Eine Bemerkung zum Sprachgebrauch: Die alternativen Energien werden oft als „erneuerbar" bezeichnet. Das ist falsch, denn weder die Sonne noch ihr Licht noch Wind und Wasser sind erneuerbar, sondern sie sind in gewisser Weise unerschöpflich. Allerdings muss man bedenken, dass die Sonne in etwa 7 Mrd. Jahren explodieren wird.

Die Berechnung von Energiepotenzialen, das heißt, was maximal möglich ist, beruht auf vielen Annahmen über die ökonomischen und ökologischen Bedingungen, die berücksichtigt werden müssen. Daher findet man in der Literatur und im Internet oft weit voneinander abweichende Angaben. Für die Photovoltaik, die Stromproduktion mit Solarzellen, lässt sich zum Beispiel annehmen, dass maximal 1 % der Festlandsfläche der Erde dafür benutzt werden kann (s. Abb. 4.1). Das sind etwa 1,5 Mio. km². Und mit der heutigen Maximalleistungsdichte von 200 W pro m² ergibt sich ein Potenzial von 300.000 Gigawatt, das Hundertfache des heutigen Bedarfs. Anders ist es bei der Windenergie. Wir nehmen wieder 1 % der Festlandsfläche und bestücken es mit fünf Windrädern pro Quadratkilometer mit einer Maximalleistung von 5 Megawatt pro Gerät (s. Kap. 4). Das ergibt ein Potenzial von 37.500 Gigawatt, gut das Zwölffache des heutigen Bedarfs. Hierbei müssen wir berücksichtigen, dass man unter den Windrädern eventuell leben ernten und arbeiten kann, während die Solarzellen ihre Fläche voll beanspruchen. Man kann allerdings mit Einschränkungen auch Windräder über Solarzellen betreiben. Neben Photovoltaik und Windenergie gibt es noch drei weitere Stromerzeugungsmethoden, die vielleicht einmal größere Bedeutung gewinnen könnten. Das sind die Biomasse, die Geothermie und die Sonnenkraftwerke. Letztere besprechen wir im Anhang in Abschn. A.4. „Sonnenkraftwerke". Für die Biomasse beträgt die heutige weltweite Gesamtleistung ungefähr 100 Gigawatt, für die Geothermie etwa ebenso viel. Diese Energien könnten auch weitgehend in elektrische Energie umgewandelt werden, aber so weit sind wir noch nicht. Vernachlässigbar klein sind dagegen aus heutiger Sicht die Potenziale von Gezeiten, Wellen, Meeresströmungen und Meereswärme wegen der kleinen Wirkungsgrade und der technischen Probleme dieser Anlagen (s. Abschn. 6.1). Heute existieren für diese Methoden im Wesentlichen nur Versuchseinrichtungen an speziell ausgewählten Standorten [7].

7

Landwirtschaft in der Zukunft

Wie schon mehrfach erwähnt, müssen wir bis zum Jahr 2050 etwa 50 % mehr Nahrung als heute für die Hungernden und für die 2 Mrd. Neubürger bereitstellen (s. Abb. 5.5). Dafür brauchen wir ungefähr 40 % mehr Ackerfläche, Saatgut, Düngemittel, Wasser, Arbeitskraft und Energie. Ist das alles zu beschaffen?

- Fangen wir mit der **Fläche** an. In Tab. 4.1 ist zu sehen, dass wir weltweit noch etwa zweieinhalb mal so viel nutzbares Land zur Verfügung haben, wie heute schon beackert wird. Also gibt es hierfür kein dringendes Flächenproblem.
- Beim **Dünger** ist es etwas anders. Dabei handelt es sich vor allem um die Elemente Stickstoff, Phosphor und Kalium, welche die Pflanzen zusätzlich zum normalen Ackerboden brauchen. Stickstoff und Kalium gibt es genug auf der Welt, aber Phosphor könnte einmal knapp

© Der/die Autor(en), exklusiv lizenziert an Springer-Verlag GmbH, DE, **49**
ein Teil von Springer Nature 2023
K. Stierstadt, *Brot und Strom für 10 Milliarden Menschen*,
https://doi.org/10.1007/978-3-662-67922-7_7

werden. Die meisten Phosphate findet man in der westlichen Sahara. Sie werden außer für das Pflanzenwachstum auch für den Knochenaufbau bei Menschen und Tieren gebraucht. Eine Verdoppelung des heutigen Bedarfs scheint aber noch unproblematisch zu sein. Sollte ein Mangel eintreten, so muss man versuchen, Phosphor durch Wiederverwertung unverbrauchter Biomasse zurück zu gewinnen (Holz, Stroh, Pflanzenreste).

- Beim **Wasser** ist es ähnlich. Wie in Abschn. 5.2 erwähnt, verbraucht die Landwirtschaft heute schon 70 % des gesamten oberflächlich nachgelieferten Süßwassers. Davon gibt es in Flüssen und Seen weltweit etwa 100.000 km³. Wir benutzen davon jährlich 4000 km³, was aber durch Niederschläge ständig erneuert wird. Außerdem gibt es in Grönland und in der Antarktis noch etwa 25 Mio. Kubikkilometer Eis und Schnee. Sie sind jedoch zu weit weg von nutzbarem Land, als dass sie wirtschaftlich genutzt werden könnten. Süßwasser haben wir also genug, wenn auch nicht immer da, wo wir es gerade brauchen. Außerdem gibt es riesige Mengen Grundwasser auf der Welt, bis in 2 km Tiefe sind es etwa 10 Mrd. km³, dieses ist aber nicht leicht und billig zu bekommen.
- **Arbeitskräfte** für die Landwirtschaft werden wir bei der ständig wachsenden Bevölkerung sicher genug haben.

Ein ganz anderes und dringendes Problem gibt es beim **Saatgut**, das wir in Zukunft brauchen werden. Hier findet weltweit eine heftige Diskussion über die Anwendung der Gentechnik in der Pflanzenzüchtung statt („Grüne Gentechnik" [11]). Seit etwa 40 Jahren kann man nämlich einzelne Gene in der pflanzlichen Erbsubstanz durch andere ersetzen und so die Eigenschaften der Pflanzen verändern. Dabei werden einzelne Abschnitte bzw. Gene aus der pflanzlichen Desoxyribonucleinsäure (DNA) herausgeschnitten und andere Gene eingesetzt. Die DNA ist ein Riesenmolekül mit ca. 30 Mrd. Atomen in Form einer Doppelspirale aus Phosphaten, Zucker und Nukleinsäuren und enthält die gesamte Erbinformation der Lebewesen. Bei Pflanzen umfasst sie bis zu 100.000 Gene, deren Funktion erst zum kleinen Teil bekannt ist. Man kann aber einige davon durch andere austauschen, die den Pflanzen besondere Eigenschaften verleihen. Das ist zum Beispiel die Widerstandskraft gegen Fressfeinde (Insektenresistenz), Bakterien oder Viren. Auch gibt es Gene, die, in Nutzpflanzen eingebaut, Unkraut vernichten. Das heißt, solche Kräuter, die mit den Nutzpflanzen um Licht, Wasser und Nährstoffe konkurrieren (Herbizidresistenz). Die Nutzpflanzen werden dann zum Beispiel resistent gegen Glyphosat und andere Unkrautvernichtungsmittel, während andere Kräuter dadurch zu Grunde gehen. Für die Insektenresistenz wird meistens ein Gen aus dem *Bacillus thuringiensis* verwendet, das zum Beispiel in die Erbsubstanz von Baumwolle eingefügt wird. Diese wird dann von vielen Insekten und Raupen verschont. Für die Herbizidresistenz benutzt man ein Gen aus dem *Agrobacterium tumefaciens*. Dagegen sind in den letzten Jahren allerdings manche Unkräuter selbst wieder resistent geworden, so dass man nach neuen wirksamen Genen suchen muss. Eine weitere Errungenschaft der Gentechnik ist die Trockenresistenz. Mit verschiedenen Genen, zum Beispiel aus Sonnenblumen, ist es gelungen, Soja, Mais und Baumwolle an Wassermangel anzupassen, so dass sie längere Dürreperioden überstehen können. Bis heute wurden vor allem Soja, Mais, Baumwolle, Raps und auch viele andere Pflanzen genverändert. Weltweit wurden 2020 schon 1,9 Mio. km^2 solcher Pflanzen angebaut, das Fünffache der Fläche Deutschlands, vor allem in den USA, Brasilien, Argentinien, Indien und Kanada. In der Europäischen Union ist der Anbau gentechnisch veränderter Pflanzen mit wenigen Ausnahmen heute noch verboten, zurzeit diskutiert man aber die Zulassung dieser Methoden. Dabei sollen solche gentechnischen Veränderungen erlaubt werden, die sich auch durch natürliche Zuchtwahl erreichen ließen.

Mit der Gentechnik lassen sich im Prinzip noch viele andere Eigenschaften von Pflanzen beeinflussen und verändern. Man kann auf diese Weise Vitamine anreichern, Allergene entfernen, Aussehen, Haltbarkeit und Geschmack von Früchten verändern usw. Auch aus diesen Gründen ist die „grüne Gentechnik" heute in vieler Hinsicht noch sehr umstritten:

- Ein offenkundiger **Vorteil** besteht darin, dass manche Unkraut- und Insekten-Vernichtungsmittel mit ihren negativen Wirkungen auf Fauna und Flora eingespart werden können. Und die Ertragssteigerungen bei Soja, Mais und Baumwolle um bis zu 20 % sind natürlich positiv zu bewerten.

- Als **Nachteil** der grünen Gentechnik wird allgemein die Ungewissheit angesehen, ob die so veränderten Pflanzen irgendwelche Schäden beim Menschen und in der Natur anrichten können. Bis heute sind bei Menschen trotz intensiver Untersuchungen keinerlei solche Schäden gefunden worden [11]. In der Natur führt die Gentechnik natürlich zur Dezimierung gewisser Pflanzenarten und Insekten. Vögel und Kleintiere, die diese Insekten fressen, kommen ebenfalls zu Schaden. Dem kann im Grunde nur begegnet werden, indem man auch die Nutzinsekten, zum Beispiel Bienen, gentechnisch so verändert, dass sie gegen die Gifte der entsprechenden Pflanzen immun werden. Daran wird zurzeit intensiv gearbeitet, aber hier beißt sich die Katze in den Schwanz!

Die Diskussion über Vor- und Nachteile der grünen Gentechnik ist also noch lange nicht zu Ende. Eigentlich unterscheidet diese sich grundsätzlich nicht von der klassischen Methode der Pflanzenzüchtung durch Saatgutdifferenzierung und Auswahl. In beiden Fällen wird das Erbgut der Pflanzen verändert, nur mit sehr verschiedener Geschwindigkeit. Das große Problem der Nahrungsbeschaffung für unsere Hungernden und unsere Neubürger dürfen wir bei der Diskussion aber nicht aus den Augen verlieren. Heute ernährt ein Landwirt in Industrieländern im Durchschnitt 160 Menschen, zehnmal so viel wie im Jahr 1960! Beim reinen Biolandbau, das heißt ohne Pflanzenschutzmittel und künstliche Düngung, werden weltweit um ein Viertel geringere Erträge erwirtschaftet als mit moderner Agrartechnik. Will man nur noch Biolandbau zulassen, dann müssten schon die heutigen Anbauflächen um ein Viertel vergrößert werden.

Erratum zu: Brot und Strom für 10 Milliarden Menschen

Erratum zu: K. Stierstadt, *Brot und Strom für 10 Milliarden Menschen*, https://doi.org/10.1007/978-3-662-67922-7

Liebe*r Leser*in, vielen Dank für Ihr Interesse an diesem Buch. Das Buch wurde durch den Verlag versehentlich ohne die nachfolgenden Korrekturen veröffentlicht. Diese wurden jetzt ausgeführt.

- Satz bzw. Inhaltsverzeichnis ergänzt: S.VI, S.VII und S.18
- Wort gestrichen: neue (S.1), viel (S.3)
- Wort(e) ergänzt: der britische Ökonom (S.1), Mensch (S.11), dann (S.23), kleinen (S.40), eventuell (S.46), Die (S.19, S.21, S.60, S.70, S.87)

Die aktualisierte Version des Buchs finden Sie unter
https://doi.org/10.1007/978-3-662-67922-7

- Wort ersetzt: beim (S.6), Armen (S.6), beschaffen (S.49)
- Einheit ersetzt: t/a (S.5), cal (S.21, S.27)
- Zahl ersetzt: 370 (S.21), 100 (S.37, S.45)
- Abbildung: Beschriftung verschoben und korrigiert (S.8)

Vereinzelte kleine Änderungen von Schriftart, Nummerierung, Reihenfolge, Abstand und Rechtschreibung wurden nicht im Detail aufgeführt.

Nachwort

Was bleibt uns nun zu tun? Auf keinen Fall dürfen wir so sorglos mit unseren Ressourcen umgehen wie bisher und die Hände in den Schoß legen. Die Bekämpfung des Hungers und die Versorgung mit Energie für die zu erwartenden 10 Mrd. Erdenbürger sind Hauptaufgaben für die nächste Generation. Werden diese Anforderungen nicht bald bewältigt, dann droht der Kampf um die Ressourcen die Menschheit an den Rand des Untergangs zu bringen.

Dass die anstehenden Aufgaben im Prinzip lösbar sind, haben wir in den vorangehenden Seiten gesehen. Allerdings sind erhebliche finanzielle Anstrengungen nötig, die in der Größenordnung von Hunderten von Milliarden Dollar liegen. Außerdem muss ein Umdenken stattfinden, von den überholten Verhaltensweisen unserer tierischen Vergangenheit („survival of the fittest") hin zu einem sozial orientierten Miteinander aller heutigen Menschen. Allein der Umfang der weltweiten Rüstungsausgaben von jährlich 2100 Mrd. Dollar würde mehrfach ausreichen, um den er-

© Der/die Herausgeber bzw. der/die Autor(en), exklusiv lizenziert an Springer-Verlag GmbH, DE, ein Teil von Springer Nature 2023
K. Stierstadt, *Brot und Strom für 10 Milliarden Menschen*,
https://doi.org/10.1007/978-3-662-67922-7

warteten 10 Mrd. Erdenbürgern ein so gesichertes und akzeptables Leben, wie wir es schon jetzt in Mitteleuropa haben, zu gewährleisten.

Aber warum fangen wir nicht sofort und ernsthaft damit an? Warum ist noch kein Umdenken und keine entsprechende Umschichtung vieler Staatsausgaben zu erkennen? Offenbar sind die Aufwendungen für die permanente Auseinandersetzung zwischen kapitalistischen und sozialistischen Gesellschaftsordnungen den Regierenden, und nicht zuletzt ihren Wählern, heute noch wichtiger als ein friedliches Zusammenleben verschiedener politischer Systeme auf dieser Erde. In diesem Licht besehen erscheint einem die Menschheit wirklich zu dumm zum Überleben.

Wir sollten also lieber erkennen, dass der uns zugängliche winzige Teil des Universums verschwindend klein ist: nur ein Planet bei nur einem von 100 Mrd. Sternen allein in unserer Galaxie. Und diese ist wieder nur eine von einigen hundert Milliarden ähnlichen Sternensystemen! Auch unsere Lebensdauer als Menschheit insgesamt ist sicher ebenfalls beschränkt, denn die Sonne wird nicht ewig scheinen (s. Abschn. A.2 „Die Sonnenenergie"). Dieses Bewusstsein dürfte uns doch helfen, die anstehenden "kleinen" Probleme einer wachsenden Bevölkerung zu bewältigen. Wir werden dabei bestimmt nicht arbeitslos [18, 19].

Anhang

A.1 Die Photosynthese

Im Abschn. 5.1 haben wir die Herstellung von Zucker und Stärke, den Hauptbestandteilen unserer Nahrung, kurz besprochen. Hier wollen wir die Photosynthese etwas genauer betrachten. In Abb. A.1 sehen wir oben die Zelle einer grünen Pflanze. In ihr sind zehn bis 100 kleine Zellorganellen enthalten, die Chloroplasten. Diese beinhalten jeder wieder zwischen zehn und 100 kleinere Objekte, die Thylakoide. Das sind etwa 1/10 μm große beutelförmige Gebilde. Deren Wand, die Thylakoidmembran, enthält sogenannte Antennenkomplexe, die aus je etwa 15 bis 20 **Chlorophyllmolekülen** bestehen, die Vorrichtungen zur Absorption von Sonnenstrahlung. Nun sind wir auf der molekularen Ebene angelangt, bei der Größenordnung von Nanometern, einem Millionstel Millimeter. In der Mitte von Abb. A.1 ist die Thylakoidmembran vergrößert skizziert. In ihr befinden sich zwei Photosysteme PI und PII, bestehend aus je mehreren Antennenkomplexen. Das Photosystem PI absorbiert

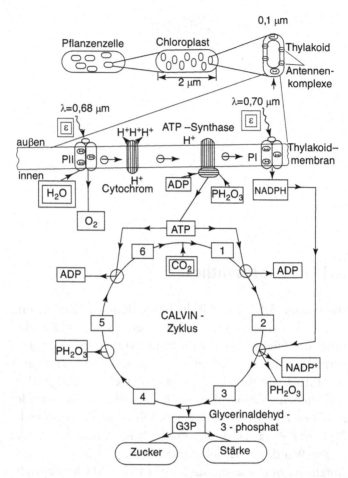

Abb. A.1 Überblick über die Photosynthese. Die sechs Enzyme des Calvin-Zyklus sind: 1: 6 Moleküle 3-Phosphorglycerat, 2: 6 Moleküle 1.3-Diphosphorglycerat, 3: 6 Moleküle Glycerinaldehyd-3-phosphat, 4: 5 Moleküle Glycerinaldehyd-3-phosphat, 5: 3 Moleküle Ribulose-5-phosphat, 6: 3 Moleküle Ribulose-1,5-biphosphat. Ausgangsstoffe sind doppelt umrandet, Produkte einfach; PI,II Photosystem I,II, ⊖ Elektronen, H+ Protonen

Lichtquanten von 0,70 Mikrometern Wellenlänge, das System PII von 0,68 Mikrometern (s. Abb. A.5). Dabei wird Wasser aufgenommen und Sauerstoff abgegeben. Vom System PII fließen Elektronen ($\ominus$) entlang der Membran durch einen Cytochrom-Molekülkomplex. Dieser pumpt Protonen (H^+) von innen nach außen durch die Membran. Die Elektronen fließen dann weiter zum Photosystem PI und induzieren dort die Produktion des Moleküls NADPH (Nicotinamid-adenin-dinucleotid-phosphat). Der von Cytochrom erzeugte Protonengradient wird durch das Enzym ATP-Synthase wieder abgebaut, indem es Protonen durch die Membran von außen nach innen verschiebt. Dabei rotiert der Schaft des Enzyms um seine Achse und transportiert die Protonen zum intramembranen Kopf desselben. Dort bewirken je vier Protonen die Anlagerung einer Phosphatgruppe (PH_2O_3) an ein ADP-Molekül (Adenosin-diphosphat) und es entsteht das energiereichere ATP (Adenosin-triphosphat), etwa 100 Moleküle pro Sekunde. Die beiden Enzyme ATP und NADPH dienen nun dazu, im sogenannten **Calvin-Zyklus** aus Kohlendioxid das Molekül G3P (Glyzerinaldehyd-3-phosphat) herzustellen. Der Zyklus besteht aus 23 Teilreaktionen in sechs Schritten und ist nach Melvin Calvin benannt, der dafür 1961 den Nobelpreis bekam. Die beiden Enzyme werden dabei verbraucht, das heißt in andere Moleküle umgewandelt, ATP in ADP und NADPH in $NADP^+$. Die Bruttogleichung des Calvin-Zyklus lautet:

$$3CO_2 + 6NADPH + 6H^+ + 9ATP + 5H_2O$$
$$\rightarrow G3P + 6NADP^+ + 9ADP + 8P.$$

Aus dem Endprodukt G3P des Calvin-Zyklus wird im Prozess der Glukoneogenese mit Hilfe von fünf weiteren Enzymen schließlich Glucose und dann Saccharose (s. Abb. 5.1) hergestellt, der Hauptbestandteil des in den Pflanzen gespeicherten Zuckers. Außerdem entsteht in ähnlicher Weise die pflanzliche Stärke, ein Makromolekül, bestehend aus einigen tausend aneinander gebundenen Glucoseeinheiten. Die Abb. A.2. zeigt die Strukturformeln der wichtigsten hier genannten Moleküle. Zusammenfassend stellen wir

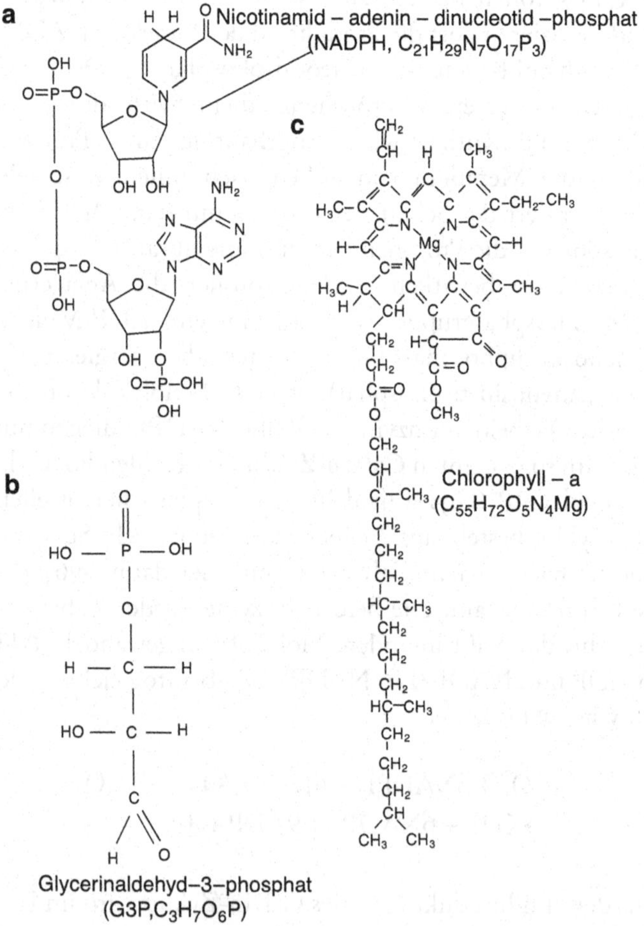

Abb. A.2 Die wichtigsten an der Photosynthese beteiligten Biomoleküle

d

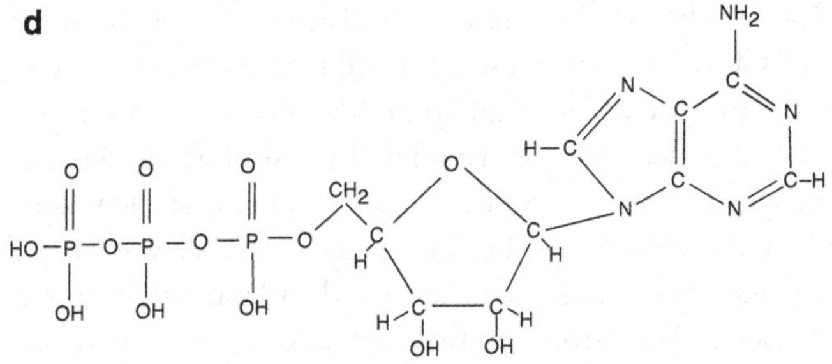

Adenosin –triphosphat (ATP, $C_{10}H_{16}N_5O_{13}P_3$)

Abb. A.2 (Fortsetzung)

fest: Der in Abb. A.1 dargestellte recht komplizierte Prozess erzeugt aus Sonnenlicht, Wasser und Kohlendioxid die Produkte Sauerstoff, Zucker und Stärke, das Wichtigste, was Tiere und Menschen zum Leben brauchen.

Hier sind noch einige Zahlen zum Energieumsatz der Photosynthese interessant: Eine hundertjährige Buche besitzt etwa 200.000 Blätter mit zusammen 1200 m^2 Oberfläche und mit 180 g Chlorophyll in 100 Billionen Chloroplasten. Sie verarbeiten an einem Sonnentag 100 l Wasser und 9,4 m^3 CO_2 mit 20 kW Lichtenergie und erzeugen dabei 9,4 m^3 O_2 und 12 kg Kohlenhydrate. Weltweit werden auf der Erde jährlich 100–200 Mrd. t Kohlenstoff aus dem CO_2 der Luft in Pflanzen gespeichert. Dazu werden von der eingestrahlten Lichtleistung nur 0,027 % verwendet (nach anderen Schätzungen bis zu 0,08 % (s. Abb. A.6). Das sind aber weltweit immerhin 45.000 Gigawatt, zweieinhalbmal so viel wie der gesamte Primärenergieumsatz der Menschheit (s. Abb. 6.2). Außerdem werden bei der Photosynthese pro Jahr 50.000 km^3 Wasser umgesetzt, der tausendfache Inhalt des Bodensees. Der dabei erzeugte Sauerstoff existiert in unserer Atmosphäre, wie schon erwähnt, erst seit etwa 3 Mrd. Jahren. Vorher bestand sie fast nur aus Stickstoff, Wasserdampf und Spurengasen, darunter etwas CO_2. Erst seit dieser Zeit gibt es auch eine Ozon-schicht in unserer Atmosphäre in 15 bis 25 km Höhe. Sie besteht aus dem Sauerstoffmolekül O_3 und absorbiert die lebensgefährliche UV-Strahlung der Sonne. Erst die Ozon-schicht ermöglicht das Leben an Land, vorher war es auf das Wasser beschränkt. Würden wir die Ozonschicht durch chemische Abfallstoffe massiv schädigen, wie es durch Fluor-Chlor-Kohlenwasserstoffe zum Teil schon geschehen ist, so könnte die Photosynthese der Landpflanzen durch starke UV-Strahlung beeinträchtigt werden. Dann würde eventuell auch die Sauerstoffproduktion zurückgehen, und sowohl zur Atmung als auch zur Aufrechterhaltung der Ozonschicht wäre zu wenig da – ein Teufelskreis.

A.2 Die Sonnenenergie

Unsere Sonne ist eine praktisch unerschöpfliche Energie-quelle. Sie liefert uns mehrere tausendmal so viel Energie wie wir brauchen (Abb. A.3), und das wahrscheinlich noch mehrere Milliarden Jahre lang. Die Sonne ist ein typischer Stern, von denen es in unserer Galaxie, der „Milchstraße", etwa 100 Mrd. gibt. Ihr Durchmesser (1,4 Mio. km) ist etwa hundertmal so groß wie derjenige der Erde (12.740 km). Ihre Masse ($2 \cdot 10^{27}$ t) ist ca. 300.000-mal grö-ßer als die Erdmasse ($6 \cdot 10^{21}$ t). Die Sonne besteht zu etwa 70 % aus Wasserstoff, zu 28 % aus Helium und zu 2 % aus anderen schwereren Elementen. Im Kern ist sie etwa 10 Mio. Grad heiß, an der Oberfläche „nur" noch 5500 °C. Die Sonne (und wir mit ihr) befindet sich in einem Spiralarm unserer Galaxie, 28.000 Lichtjahre vom Zentrum entfernt, das sie mit einer Geschwindigkeit von 250 km pro Sekunde in 20 Mio. Jahren einmal umläuft.

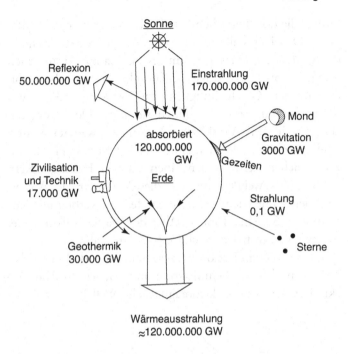

Abb. A.3 Die Energieströme der Erde. Alle Zahlen in Gigawatt (GW): 1 GW = 10^6 kW = 10^9 J/s (nach [13])

Die Sonne ist vor etwa 5 Mrd. Jahren aus einer Dichteschwankung des intergalaktischen Wasserstoffs entstanden. Sie wird in ungefähr 7 Mrd. Jahren explodieren und zu einem Roten-Riesen-Stern werden. Schon in etwa 3 Mrd. Jahren wird es aber auf der Erde so heiß werden, dass die Ozeane verdampfen und alles Leben aufhört.

Die Sonne strahlt Energie mit etwa 400 Mio. mal Mrd. ($4 \cdot 10^{17}$) Gigawatt aus, von der wir einen winzigen Teil ($1{,}7 \cdot 10^8$ GW) als Licht und Wärme auf der Erde empfangen (Abb. A.3). Woher kommt diese riesige Energie? Sie stammt aus der Verschmelzung (Fusion) von Wasserstoff zu Helium, die im Sonneninneren stattfindet. Ein solcher Prozess erfordert die dort herrschende hohe Temperatur von 10 Mio. Grad. Dabei sind alle Atome vollständig ionisiert, das heißt die Materie bildet ein gasförmiges Plasma aus Atomkernen und Elektronen. Die Wasserstoffatomkerne (H^+) haben dann eine mittlere Geschwindigkeit von 560 km/s. Wenn zwei davon zusammenstoßen, bilden sie einen Deuteriumkern (D^+), wie in Abb. A.4 skizziert. Kommt ein weiterer Wasserstoffkern dazu, so entsteht ein Helium-3-Kern ($^3_2He^{++}$), und zwei solcher Kerne bilden einen stabilen Helium-4-Kern ($^4_2He^{++}$) plus zwei Protonen. Auf diese Weise wird der Wasserstoff der Sonne nach und nach zu Helium „verbrannt", jede Sekunde 560 Mio. Tonnen! Aber der Wasserstoffvorrat der Sonne reicht trotzdem noch für 5–7 Mrd. Jahre.

Die bei diesem Fusionsprozess frei werdende Energie besteht zunächst aus Gammastrahlung (γ), wie in Abb. A.4 skizziert. Das sind elektromagnetische Wellen, ähnlich der

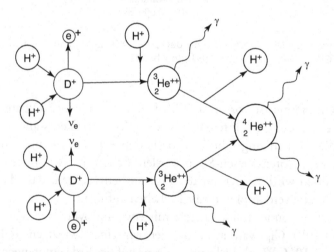

Abb. A.4 Zur Energieproduktion in der Sonne. Aus vier Wasserstoffatomkernen (H^+, links) entsteht ein Helium-4-Atomkern ($^4_2He^{++}$, rechts) und Gammastrahlung (γ) sowie Positronen (e^+) und Elektron-Neutrinos (ν_e). Die Pluszeichen bedeuten positive elektrische Ladungen

Röntgenstrahlung, aber mit 100-mal höherer Energie. Die Gammastrahlen diffundieren vom Sonneninneren zur Oberfläche und verlieren dabei durch Wechselwirkung mit den Atomkernen Energie. Sie werden dabei immer langwelliger und werden schließlich an der Sonnenoberfläche als ultraviolettes, sichtbares und infrarotes Licht in den Weltraum emittiert. Das Licht breitet sich im leeren Raum dann gradlinig aus und ein kleiner Teil gelangt nach $8^1/_2$ Minuten zu uns auf die Erde. Die hier gemessene Strahlungsleistung beträgt bei senkrechtem Lichteinfall in der hohen Atmosphäre 1370 W pro Quadratmeter („Solarkonstante"). Das ergibt über die bestrahlte Erdoberfläche summiert die 170 Mio. Gigawatt in Abb. A.3, und das ist etwa das 10.000-Fache von dem, was die ganze Menschheit an Energie verbraucht. Hier sieht man ganz klar: Unser Energieproblem ist keine Frage der Quantität, sondern der Qualität, das heißt der Umwandlung und der Verteilung der Energie: Wenn man sich in die Sonne legt, wird man zwar warm aber nicht satt, und wenn man sein Auto in die Sonne stellt, gerät es nicht in Bewegung sondern erwärmt sich nur. Wir brauchen also Umwandlungsgeräte, um die Sonnenenergie sinnvoll zu nutzen, nämlich zur Umwandlung in mechanische, elektrische und chemische Energie usw.

Die Wärme, die wir bei Sonnenbestrahlung spüren, wird vor allem vom langwelligen, infraroten Teil des Lichts verursacht. Das **Spektrum** des Sonnenlichts beschreibt die Intensität B_μ der Strahlung in Abhängigkeit von ihrer Wellenlänge λ und ist in Abb. A.5 dargestellt. Die Intensität wird in Energie pro Quadratmeter und pro Wellenlängenintervall gemessen. Sie ist im sichtbaren Bereich am größten, im infraroten zehnmal kleiner und im ultravioletten etwa hundertmal kleiner. Die vielen Einschnitte im Spektrum rühren von der Absorption der betreffenden Wellenlängen durch die Bestandteile unserer Atmosphäre her.

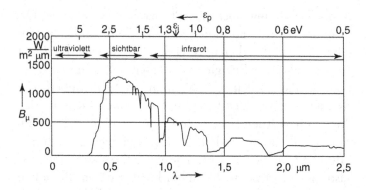

Abb. A.5 Sonnenspektrum an der Erdoberfläche bei klarem Himmel und bei einem Sonnenstand von 42° über dem Horizont. Bestrahlungsdichte in W/m² pro Wellenlängenintervall in µm als Funktion der Wellenlänge λ und der Photonenenergie ε_p in eV. Die Einschnitte im Spektrum rühren von der Absorption der Strahlung durch atmosphärische Gase her (nach [14])

Die 170 Mio. Gigawatt, die uns die Sonne insgesamt zu strahlt (s. Abb. A.3), bzw. die 1370 W pro Quadratmeter der hier beschienen Fläche, stehen uns natürlich nicht vollständig zur Verfügung. Mittelt man über die ganze Erdoberfläche, über Tag und Nacht, über Sommer und Winter, und zieht die von der Atmosphäre reflektierte und absorbierte Leistung ab, so bleiben an der Erdoberfläche im Durchschnitt noch 200 W pro Quadratmeter übrig. Der Wert schwankt je nach Staubgehalt, Bewölkung und Temperaturverteilung in der Troposphäre. Was also übrig bleibt, wird in der Natur in vielfacher Weise in andere Energieformen umgewandelt, zum Beispiel in Bewegungsenergie als Wind, Wellen, Wasserströmungen usw. In Abb. A.6 ist das gesamte irdische Schicksal der Sonnenstrahlung erläutert. Hier sind auch die Erdwärme und die Gezeitenenergie mit eingetragen. Weniger als 1 ‰ der einfallenden Lichtenergie werden durch das Chlorophyll der Pflanzen und Algen mit Hilfe von Kohlendioxid und Was-

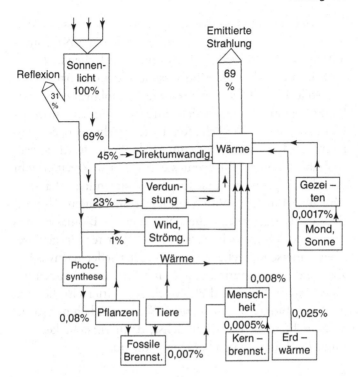

Abb. A.6 Energieflussdiagramm der Erde (nach [15])

ser zu Sauerstoff und **Biomasse** umgewandelt. Dieser kleine Teil der Sonnenenergie reicht aus, um die ganze Menschheit und alle Tiere mit Nahrung und Sauerstoff zu versorgen. Die Photosynthese haben wir ja ausführlich im Abschn. A.1 „Die Photosynthese" besprochen. Die Biomasse wird heute vielfältig genutzt. Etwa 700 Gigawatt ihrer Leistung werden für menschliche Nahrung und Tierfutter verwendet (s. Abb. 6.2). Das sind 1,5 % der gesamten Photosynthese. Ungefähr das Dreifache, 2000 Gigawatt, werden als Holz beim Kochen und Heizen verbrannt. Weitere 1500 Gigawatt werden technisch genutzt, als Brennstoff zur Stromerzeugung und zur Herstellung von Biokraftstoffen für Automotoren.

Gegen die technische Verwendung von Biomasse werden oft zwei Einwände erhoben: Sie schmälert die Nahrungsmittelproduktion, weil sie dafür nutzbare Flächen benötigt, und sie vermindert die Biodiversität, indem sie ökologisch wertvolle Flächen dem Anbau von Monokulturen opfert. Beide Argumente ließen sich durch ökologisch sinnvolles Handeln aus der Welt schaffen. Erstens steht genügend Abfallmaterial zur Verfügung, um es als Biomasse zu nutzen: Holzabfälle, Stroh, Pflanzenreste, Algen usw. Zweitens gibt es weltweit genügend brachliegendes ungenutztes Land (s. Abb. 4.1), um die benötigten Mengen anzubauen. Als positive Aspekte der technischen Nutzung der Biomasse muss man aber Folgendes betrachten: Sie ist erstens in gewisser Weise unerschöpflich, weil sie immer wieder nachwächst. Zweitens ist sie kontinuierlich und planbar vorhanden, im Gegensatz zu Wind und Photovoltaik. Drittens ist die Nutzung von Biomasse CO_2-neutral. Wenn nämlich nur so viel verbraucht wird, wie nachwächst, dann entsteht kein zusätzliches klimaschädliches Kohlendioxid.

A.3 Die Solarzelle

Der **lichtelektrische** oder **photovoltaische Effekt** erlaubt es, Lichtenergie oder Sonnenstrahlung direkt in elektrische Energie umzuwandeln, ohne den Umweg über Wärme oder mechanische Energie. Das Sonnenlicht fällt dabei auf ein elektrisch halbleitendes Material, wie zum Beispiel Silizium, das in spezieller Weise präpariert ist (Abb. A.7). Der untere Teil eines Siliziumkristalls wird durch Eindiffundieren von etwa 0,0001 % Aluminium dotiert, der obere mit 0,1 % Phosphor. Weil Silizium ein vierwertiges Metall ist, Aluminium ein dreiwertiges und Phosphor ein fünfwertiges, gibt es einen Gradienten in der Konzentration der Leitungselektronen vom Aluminium zum Phos-

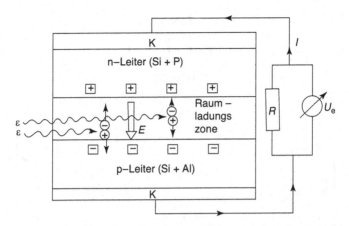

Abb. A.7 Prinzip einer photovoltaischen Solarzelle. Siliziumkristall mit zwei dotierten Bereichen (n und p) und einer Raumladungszone in der Mitte (K Kontakte, E elektrisches Feld, R elektrischer Widerstand, I elektrischer Strom, U_e elektrische Spannung, ε Lichtenergie bzw. Photonen)

phor. Daher diffundieren einige Elektronen vom Phosphor- zum Aluminium-dotierten Bereich. Ersterer hat dann einen Elektronenmangel (⊞), das heißt, er besitzt p-Leitung, Letzterer einen Überschuss (⊟), bzw. n-Leitung. An der Grenze beider Bereiche entsteht eine etwa 1 µm dicke **Raumladungszone.** In dieser herrscht ein elektrisches Feld E, das vom n-Bereich zum p-Bereich hin gerichtet ist. Wenn Licht in diese Zone oder nahe an ihre Grenze fällt, kann es bei genügend hoher Energie Siliziumatome ionisieren. Die so entstandenen Ladungsträger, Elektronen (⊖) und Defektelektronen („Löcher" ⊕) werden vom elektrischen Feld der Raumladungszone getrennt und wandern zum p- bzw. n-dotierten Kristallteil. Verbindet man beide Teile außen herum durch einen Leiter, so fließt darin ein elektrischer Strom aufgrund der Ladungstrennung in der Raumladungszone. Heute gibt es eine große Zahl verschiedener Halbleitermatereialien mit unterschiedlichen

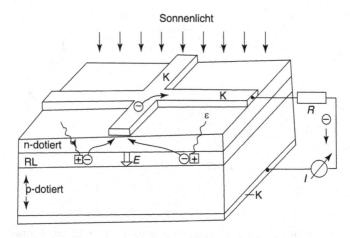

Abb. A.8 Skizze eines dotierten und kontaktierten Siliziumkristalls (K Kontakte, RL Raumladungszone)

Dotierungen, die an die verschiedenen Wellenlängen-bereiche der Sonnenstrahlung angepasst werden können (s. Abb. A.5). Bei weitem am häufigsten wird aber Silizium verwendet, weil es billig ist und weil die Kristalle leicht her-zustellen sind.

Die Abb. A.8 zeigt die Konstruktion einer Solarzelle. Wir betrachten nun ihren Wirkungsgrad. Er ist definiert als das Verhältnis von erzeugter elektrischer Leistung L_{el} zu ein-fallender Lichtleistung L_{li}:

$$\eta = \frac{L_{el}}{L_{li}} = \frac{I(U_e)U_e}{\sum N_i \varepsilon_i / \Delta t}. \qquad (B.1)$$

Dabei ist I der elektrische Strom, U_e der Spannungsabfall am Außenwiderstand R und N_i die Zahl der Photonen mit der Energie ε_i, die in der Zeit Δt auf die Solarzelle treffen. Um einen möglichst hohen Wirkungsgrad zu erreichen, muss man den Außenwiderstand so wählen, dass das Pro-dukt $IU_e = L_{el}$ maximal wird. Der größtmögliche Wirkungs-

grad einer kristallinen Zelle liegt heute bei etwa 25 %, für
das billigere amorphe Silizium bei 8 %. Die Wirkungsgrade
werden vor allem durch folgende Effekte begrenzt:

- Reflexion eines Teils der einfallenden Strahlung an der
  Zellenoberfläche
- Transmission eines anderen Teils durch die Zelle hindurch
- Anregung von Elektronen ohne Ionisierung
- Rekombination ionisierter Ladungsträger bevor sie die
  Grenzen der Raumladungszone erreichen
- Ohm'sche Verluste am Innenwiderstand der Zelle

Silizium ist mit 28 % das zweithäufigste Element in der
Erdkruste und als Grundbestandteil der Solarzellen daher
billig. Trotzdem versucht man aus verschiedenen Gründen,
solche Zellen auch aus anderem Material herzustellen.
Galliumarsenid (GaAs) und Indiumgalliumarsenid (In-
GaAs) versprechen Wirkungsrade bis zu 40 % und andere
physikalische Vorteile. Perowskit ($CaTiO_3$) als Zellenbasis
kann den blaugrünen Bereich des Sonnenspektrums aus-
nutzen, während Silizium vor allem im roten Bereich wirk-
sam ist (s. Abb. A.5). Leider sind diese anderen Substanzen
alle recht teuer, und ihre irdischen Vorräte recht klein. Ein
Kilogramm Gallium kostet heute etwa 1000 Dollar, ein
Kilogramm Silizium aber nur 7 Dollar.

Hier noch einige Zahlen: Die heute üblichen Solarzellen
bestehen aus sehr dünnen Siliziumschichten. Bei kristalli-
nem Material sind sie etwa 200 µm dick, bei amorphem
nur 2–5 µm. Sechzig dieser 10 × 10 cm großen Zellen werden zu einem 0,6 m² großen Modul hintereinander ge-
schaltet. Eine Zelle liefert 0,5 V Spannung, ein Modul
dann 30 V. Die maximale Leistungsdichte bei klarem Himmel beträgt etwa 200 W pro Quadratmeter. Weltweit sind
heute für ungefähr 800 Gigawatt Leistung Solarzellen ins-

talliert. Das sind ca. 4000 km² Fläche bzw. die vierfache Größe Berlins. Und damit werden im zeitlichen Mittel 100 Gigawatt erzeugt. In Deutschland sind es zurzeit acht Gigawatt, ca. 10 % unseres gesamten Strombedarfs. Etwas mehr liefern uns die Windräder.

A.4 Sonnenkraftwerke

Für die Umwandlung der Sonnenenergie in elektrische gibt es außer den Solarzellen und den Windrädern noch eine dritte Methode. Dabei wird die Sonnenstrahlung zunächst in Wärmeenergie transformiert und dann über eine Turbine und einen Generator in elektrischen Strom. Schon vor 2500 Jahren benutzte man Brenngläser oder Hohlspiegel um Sonnenstrahlen zu konzentrieren und auf diese Weise hohe Temperaturen herzustellen. Die großtechnische Verwendung solcher Spiegel in **Solarkraftwerken** begann 1970 zur Zeit der ersten Ölkrise. Heute sind im Wesentlichen drei Ausführungsformen des Hohlspiegelverfahrens in Gebrauch (Abb. A.9): ein parabelförmiger großer Spiegel („Scheiben-Konzentrator"), ein in viele kleine ebene Spiegel aufgeteilter sehr großer Hohlspiegel („Zentral-Empfänger-System") und ein langgestreckter Spiegel mit parabolischem Querschnitt („Parabol-Rinnen-Konzentrator"). Da die Sonne im Tageslauf am Himmel wandert, werden diese Geräte durch Motoren der Sonne nachgeführt, so dass die Strahlung immer möglichst senkrecht auf die Spiegel fällt. Die Abb. A.10 zeigt moderne Beispiele der verschiedenen Spiegelsysteme. Dabei handelt es sich um Anlagen mit relativ großem Flächenbedarf, die man vorzugsweise in dünn besiedelten Gebieten aufstellt, und natürlich dort, wo die Sonnenstrahlung besonders intensiv ist.

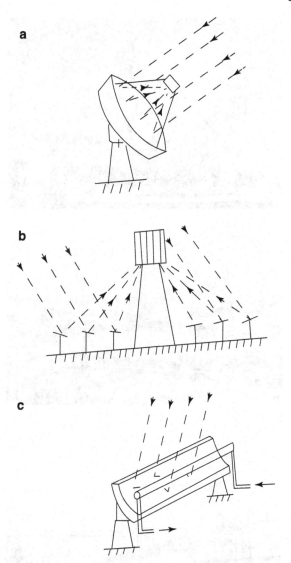

Abb. A.9   Drei moderne Ausführungen von Hohlspiegelkonzentratoren: (a) Scheibenkonzentrator, (b) Zentralempfängersystem, (c) Parabolrinnenkonzentrator

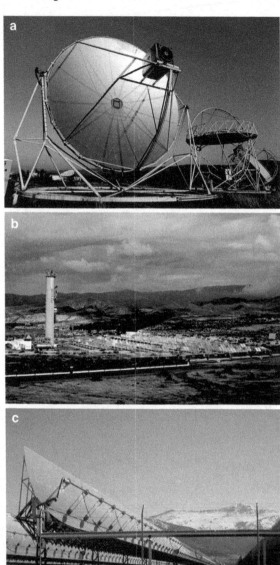

Abb. A.10 Sonnenkraftwerke in Spanien: (a) Scheibenkonzentrator in Almeria (Foto: DLR Emstig), (b) Zentralempfängersystem in Almeria (Foto: DLR Emstig), (c) Parabolrinnenkonzentrator in Andalusien (Foto: Fraunhofer ISE)

Die **Scheiben-Konzentratoren** haben aus Stabilitätsgründen einen maximalen Durchmesser von 10–20 m und bündeln die Bestrahlungsdichte (Leistung pro Fläche) auf das Tausendfache des natürlichen Werts, das heißt maximal 1000 kW pro Quadratmeter! Im Brennpunkt des Spiegels (Abb. A.10a) befindet sich ein Behälter mit einer Flüssigkeit, zum Beispiel Öl, oder mit einem Gas, welche dadurch bis über 1000 °C aufgeheizt werden können. Das heiße Medium treibt dann eine Turbine (s. Abb. A.17) an und diese einen Stromgenerator (s. Abb. 6.4), der bis zu 100 kW elektrische Leistung erzeugen kann. Zehn solcher Spiegel leisten also im Mittel etwa so viel wie ein Windrad. Ihr Wirkungsgrad, der Quotient aus elektrischer Leistung und Strahlungsleistung, liegt bei 30 %.

Die heute im Betrieb befindlichen **Zentral-Empfänger-Systeme** besitzen einige hundert ebene Spiegel (Heliostaten) von je ca. 10 m² Fläche (Abb. A.10b). Sie konzentrieren die Strahlung auf das Tausendfache und erzeugen im Brennpunkt, auf einem hohen Turm, Temperaturen bis zu 1500 °C. Dort befindet sich ein Behälter mit Öl, flüssigem Natrium, Salzen oder mit Gasen. Diese heißen Medien treiben eine Turbine mit Generator an. Der Wirkungsgrad einer solchen Anlage beträgt etwa 25 %, etwas weniger als beim Scheiben-Konzentrator. Das rührt von der nicht vollständigen Flächennutzung des Spiegelsystems her. Die größten Anlagen dieser Art befinden sich in den USA und in Spanien und leisten bis zu 400 Megawatt, also so viel wie etwa 80 Windräder.

Die dritte Ausführungsform des Hohlspiegelprinzips, der **Parabol-Rinnen-Konzentrator**, erhitzt ebenfalls eine Flüssigkeit in einem Rohr in der Brennlinie eines langgestreckten Spiegels auf mehrere hundert Grad Celsius. Diese Parabolspiegel sind bis zu 150 m lang und haben eine Öffnung von 5–8 m (s. Abb. A.10c). Die Sonnenstrahlung wird hier auf das Hundertfache konzentriert. Mit der heißen Flüssigkeit wird eine Turbine mit Generator betrieben. Zurzeit sind in Spanien und in der kalifornischen Wüste sowie in Arabien mehrere derartige Anlagen in Betrieb, die je 50–100 Megawatt elektrische Leistung liefern, entsprechend 10 bis 20 Windrädern.

Die Erzeugungskosten für diesen Strom liegen zwischen 10 und 15 Cent pro kWh, zwei- bis dreimal so viel wie bei konventionellen Kraftwerken und Windrädern oder Solarzellen. Solarthermische Kraftwerke rentieren sich also vor allem dort, wo die Strahlungsleistung der Sonne im Mittel einige hundert Watt pro Quadratmeter beträgt, beispielsweise in Wüsten und in den Tropen. Ende 2015 waren weltweit erst fünf Gigawatt elektrischer Leistung aus Solarthermie installiert. Wollte man den gesamten weltweiten Energiebedarf der Menschheit allein aus dieser Quelle mit einem Wirkungsgrad von 15 % decken, so bräuchte man eine Fläche von 700×700 km^2 bzw. 490.000 km^2. Das ist ein Zwanzigstel der Fläche der Sahara. Für den weltweiten Elektrizitätsbedarf allein reicht ein Hundertstel ihrer Fläche, 300×300 km^2. Für Deutschland bräuchte man 50×50 km^2 (Abb. A.11). Es gibt Pläne (Programm DESERTEC), bis zum Jahr 2050 mehr als 100 Gigawatt mit solarthermischen Kraftwerken in Nordafrika zu erzeugen. Wegen der unsicheren politischen Lage in diesen Ländern liegt das Projekt jedoch auf Eis. Wesentlich sicherer und billiger wäre es auch, den benötigten Strom für Europa vor Ort in seiner Mitte und seinem Süden zu erzeugen. In Deutschland allein würden zum Beispiel die Dächer der meisten Gebäude ausreichen, um ein Viertel des Strombedarfs photovoltaisch zu decken. Eine weitere Hälfte käme durch Windkraftwerke hinzu, und den Rest könnte man aus Solarkraftwerken importieren.

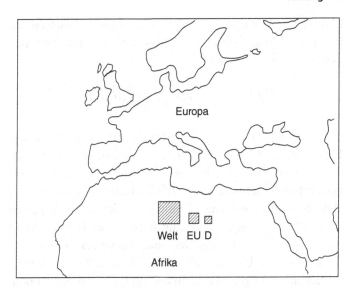

Abb. A.11 Flächengrößen für den gesamten Elektrizitätsbedarf in Anteilen der Sahara-Fläche (9,2 Mio. km²): Welt (1/100), Europäische Union (1/400), Deutschland (1/3000)

A.5 Utopische Energiequellen

Oft hört man die Meinung, das Energieproblem der Menschheit sei für alle Zeiten gelöst, wenn es gelänge, die kontrollierte Kernfusion zu verwirklichen oder Brutreaktoren zu betreiben. Beide Methoden sind heute im Versuchsstadium und es ist ungewiss, ob sie jemals richtig funktionieren werden. Selbst wenn das der Fall wäre, würden sie so aufwändig und kostspielig sein, dass jede Konkurrenz zur Sonnenenergie völlig ausgeschlossen ist.

Bei der **Kernfusion** werden leichte Gase, wie zum Beispiel Deuterium (D) oder Tritium (T) durch elektrischen Strom auf etwa 100 Mio. Grad erhitzt, das Zehnfache der Temperatur im Sonneninneren! In dem so entstehenden

Plasma aus Atomkernen und Elektronen verschmelzen die
Nukleonen von selbst zu Heliumkernen (He). Die Reaktion lautet

$$_1^2D + {}_1^3T \rightarrow {}_2^4He + {}_0^1n + 17,6 \; MeV \qquad (B.2)$$

$\left({}_0^1 n \text{ ist ein Neutron} \right)$. Dabei wird die Bindungsenergie des
Heliumkerns zunächst als kinetische Energie der beteiligten
Teilchen frei und durch Zusammenstöße in Wärme umgewandelt. Sie kann dann mittels Turbine und Generator in
elektrische Energie transformiert werden. Das Ergebnis
sind 400 Mio. Joule pro Gramm erzeugtes Helium, etwa
30-mal so viel, wie bei der Kernspaltung von einem Gramm
Uran entsteht. Um das 100 Mio. Grad heiße Gas einzu-
schließen, kann man keine materiellen Gefäße verwenden,
sie würden sofort verdampfen. Man benutzt dazu den
Hohlraum einer Torus-förmigen Magnetspule, in der das
Gas durch Induktion aufgeheizt wird. Bis heute funktioniert ein solcher Prozess immer nur für ein paar Sekunden,
und die zum Aufheizen benötigte Energie beträgt ein Viel-
faches der gewonnenen.

Zurzeit wird bei Cadarache in Südfrankreich unter inter-
nationaler Beteiligung eine große derartige Versuchsanlage
namens ITER gebaut (International Thermonuclear Expe-
rimental Reactor). Sie hat eine Höhe von 30 m und 30 m
Durchmesser (Abb. A.12), soll frühestens 2035 fertig werden und mindestens 20 Mrd. Euro kosten, wahrscheinlich
aber mehr. Ob die Anlage jemals funktionieren wird, ist
ungewiss, denn es sind noch viele technische Probleme un-
gelöst. Dazu gehören vor allem die Instabilitäten des
Plasmastroms in dem magnetischen Behälter und die
Wärmeabfuhr aus dem heißen Plasma. Dieses und die
supraleitenden Spulen brauchen 6 t Kühlwasser pro Sekunde sowie eine elektrische Leistung von 110 Megawatt

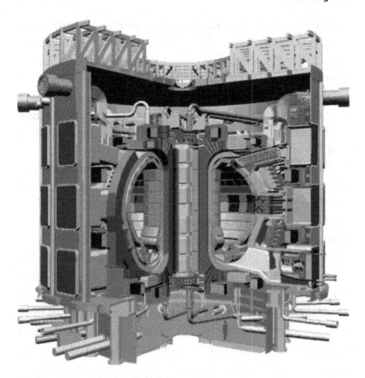

Abb. A.12 Konstruktion des Fusionsreaktors ITER. Zum Größenvergleich Person rechts unten. Der Torus-förmige Hohlraum in der Mitte enthält das 100 Mio. Grad heiße Gasgemisch. Die entstehende Wärmeenergie wird über den unteren Rand des Torus ausgekoppelt (Foto: ITER Organisation)

mit Spitzen bis zu 620 Megawatt, also ein eigenes Kraftwerk. Auch werden beim Betrieb der Anlage radioaktive Produkte durch Neutronen- und Gammastrahlung erzeugt, welche und wie viele ist noch nicht genau bekannt. Deren Entsorgung bereitet ebenfalls große Schwierigkeiten [6]. Schließlich wird der elektrische Strom einer solchen Anlage, wenn sie jemals funktionieren sollte, nicht gerade billig sein. Kostenschätzungen lassen sich heute überhaupt noch nicht anstellen. Auch kann man nicht voraussehen, wie lange es dauern wird, bis auf dieser Basis einmal Strom erzeugt werden kann. Bei nüchterner Überlegung sollte man daher einsehen, dass es viel rationeller ist, die aus der Kernfusion in der Sonne kostenlos zu uns kommende Strahlung zu nutzen (s. Abschn. A.2 „Die Sonnenenergie"), als zu versuchen, eine solche Energiequelle auf der Erde nachzubauen. Das ganze Unternehmen erinnert stark an den Turmbau zu Babel.

Eine weitere, zwar im Prinzip schon funktionierende, aber in der Realität viel zu aufwändige und teure Methode der Energiegewinnung ist die Herstellung von Kernbrennstoff in einem **Brutreaktor** (auch „schneller Brüter" genannt). In einem solchen kann man aus natürlichem Uran oder Thorium gut spaltbare Substanzen Plutonium-239 und Uran-233 gewinnen. Diese lassen sich dann in einem normalen Leistungsreaktor als Brennstoffe verwenden. Zur Herstellung derselben muss man die Ausgangssubstanzen mit schnellen Neutronen beschießen. Durch zweimaligen Betazerfall entstehen dann die gewünschten Produkte:

$$^{238}_{92}\text{U} + ^{1}_{0}\text{n} \rightarrow ^{239}_{92}\text{U} \rightarrow ^{239}_{93}\text{Np} \rightarrow ^{239}_{94}\text{Pu}, \qquad \text{(B.3)}$$

$$^{232}_{90}\text{Th} + ^{1}_{0}\text{n} \rightarrow ^{233}_{90}\text{Th} \rightarrow ^{233}_{91}\text{Pa} \rightarrow ^{233}_{92}\text{U}. \qquad \text{(A.4)}$$

Die hierfür notwendigen schnellen Neutronen gewinnt man in einem normalen Kernreaktor. Sie entstehen dort bei der Spaltung von Uran-235 mit langsamen Neutronen. Den Kern des normalen Reaktors umgibt man mit der Brutsubstanz Uran-238 oder Thorium-232 (Abb. A.13). In dieser finden dann die obigen Reaktionen statt.

Ein Vorteil des Verfahrens ist die Möglichkeit, das auf der Erde häufig vorkommende Thorium anstelle des selteneren Urans zu nutzen, und das häufigere Uran-238 anstelle des nur durch Anreicherung verfügbaren Uran-235. Allerdings hat die Brutmethode auch zwei große Nachteile:

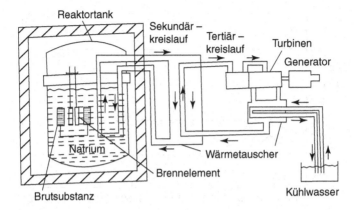

Abb. A.13 Aufbau eines Brutreaktors

Die Temperatur im Brutreaktor beträgt wegen der schnellen Neutronen etwa 900 °C, und die Aktivitätsregelung muss aus demselben Grund außerordentlich rasch erfolgen. Der Reaktor muss anstatt mit Wasser mit flüssigem Natrium gekühlt werden. Dieses ist chemisch sehr aggressiv, entzündet sich bei Luftzutritt von selbst und wird durch Neutroneneinfang radioaktiv. Der Neutronenfluss muss in Sekundenbruchteilen reguliert werden können, damit der Reaktor nicht durchbrennt oder sich abschaltet. Alle diese Sicherheitsprobleme führten zur vorzeitigen Stilllegung von weltweit etwa zehn derartigen Versuchsanlagen. Nur einige militärisch genutzte sind noch in Betrieb, denn Plutonium ist ein ausgezeichneter Atombombensprengstoff, wie man leidvoll in Nagasaki sehen konnte.

A.6 Bevölkerungswachstum und Klima

Auf der Erde wird es immer wärmer und der Meeresspiegel steigt (Abb. A.14 und A.15). Das ist allgemein bekannt, und die Ursache dieser Klimaänderung beruht auf der Pro-

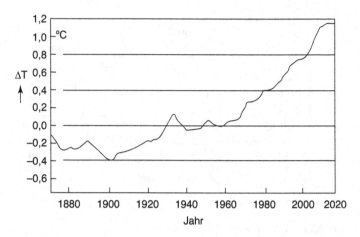

Abb. A.14 Veränderung der mittleren Oberflächentemperatur der Erde seit 1870, bezogen auf den Wert (0,0) von 1970

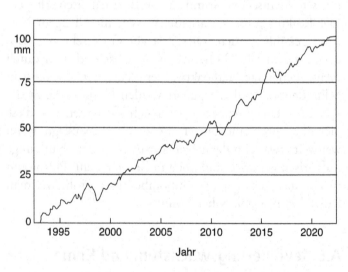

Abb. A.15 Globaler Mittelwert des Meeresspiegelanstiegs seit 1993

duktion von Kohlendioxid (CO_2) durch Verbrennung der fossilen Rohstoffe Kohle, Erdöl und Erdgas. Dieser menschengemachte **Treibhauseffekt** kommt folgendermaßen zustande [5]: Das in der Atmosphäre befindliche Kohlendioxid und einige andere Treibhausgase reflektieren einen Teil der von der Erde in den kalten Weltraum emittierten Wärmestrahlung auf die Erde zurück und erwärmen sie dadurch zusätzlich zur Sonne. In Abb. A.16 ist das skizziert. Unsere Sonne ist an der Oberfläche 5500 °C heiß und sendet Licht mit einem Intensitätsmaximum bei etwa 0,5 µm Wellenlänge aus (s. Abb. A.5). Diese Strahlung geht durch das atmosphärische CO_2 ungehindert hindurch. Die Rückstrahlung von der Erde aber hat wegen ihrer viel niedrigen Temperatur (15 °C) als die der Sonne ihr Intensitätsmaximum bei 10 µm Wellenlänge. Und dieses Infrarotlicht regt die CO_2-Moleküle in der Atmosphäre zu Schwingun-

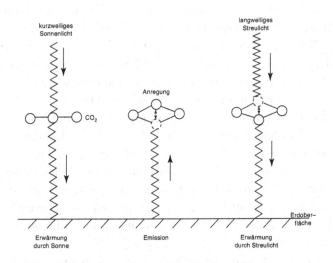

Abb. A.16 Elementarprozess des Treibhauseffekts (von links nach rechts). In der Mitte Anregung eines CO_2-Moleküls durch langwellige Rückstrahlung von der Erde

gen an. Es wird dabei von ihnen auch wieder ausgestrahlt, und zwar nach allen Richtungen gleichmäßig. Das heißt, die Hälfte dieser Strahlung geht wieder in Richtung Erde und wird von dieser und in den unteren Luftschichten absorbiert. Nur die andere Hälfte geht in den Weltraum. Dadurch wird es bei uns wärmer als ohne das atmosphärische Kohlendioxid. Und das ist genau der Treibhauseffekt, der unser Klima verändert.

Außer dem Kohlendioxid enthält unsere Atmosphäre noch andere klimaschädliche Treibhausgase, vor allem Methan (CH_4) und Distickstoffoxid bzw. Lachgas (N_2O). Methan entsteht etwa zur Hälfte in der Landwirtschaft bzw. bei der Tierhaltung, zur anderen Hälfte bei der Verbrennung fossiler Rohstoffe in Industrie und Haushalt. Es trägt etwa 20 % zum menschengemachten Treibhauseffekt bei, während CO_2 75 % ausmacht. Das Lachgas entsteht ebenfalls zur Hälfte in der Landwirtschaft bei der Düngung mit Nitraten und zur anderen Hälfte in Industrie und Autoverkehr, und es trägt etwa 5 % zum Treibhauseffekt bei.

Wieviel Kohlendioxid befindet sich nun ungefähr in der Troposphäre, den unteren 10–15 km unserer Atmosphäre? Die Konzentration hat seit dem vorindustriellen Zeitalter um 45 % zugenommen, von 0,028 auf 0,042 Vol. %. Das klingt zwar wenig, ist aber absolut gesehen recht viel, denn in jedem Kubikmeter Luft befindet sich heute fast ein halber Liter CO_2, wovon rund die Hälfte auf unserer Verbrennung von Kohle, Öl und Gas beruht. Beim Atmen stört uns das Kohlendioxid nicht. Aber die Temperatur der bodennahen Luft lässt es wie gesagt steigen, weltweit bis jetzt um ca. 1,5 °C seit 1950, und über den Kontinenten in der Nordhalbkugel stellenweise um 3–5 °C.

Nun stellt sich natürlich die Frage, ob man das zu viel produzierte Kohlendioxid aus der Atmosphäre wieder heraus bekommen kann? Das ist schwierig, denn CO_2 ist eine chemisch sehr stabile Verbindung. Man kann es aus der Luft auch nicht einfach ausfiltern. Zwar könnte man es ausfrieren, aber das würde unbezahlbar. Vielmehr müsste man das Kohlendioxid direkt bei seiner Entstehung auffangen, bei der Verbrennung von Kohle, Öl und Gas. Dann sollte man es tief in der Erde deponieren, das ginge zum Beispiel in den ausgeleerten Hohlräumen der fossilen Brennstoffgewinnung. Allerdings lassen diese sich nicht vollkommen abdichten. Das CO_2 diffundiert langsam wieder heraus, etwa 1 % pro Jahr. Nach 1000 Jahren ist alles wieder draußen. Außerdem ist das Verfahren recht teuer. Die Strompreise würden dabei um mindestens ein Drittel steigen. Auf natürlichem Wege nimmt der CO_2-Gehalt der Atmosphäre nur sehr langsam ab, zum Beispiel durch Lösung im Meer und in Gesteinen. Auch das Aufforsten von Wäldern könnte nur einen sehr kleinen Teil des bis jetzt produzierten Kohlendioxids wieder entfernen (s. Abschnitt A.1 „Die Photosynthese").

Nun kommen wir wieder zur Bevölkerungsvermehrung. Wie wird sie sich auf den Klimawandel auswirken? Das lässt sich kaum quantitativ vorhersagen. Aber wenn wir bis 2050 mindestens 25 % mehr Nahrung und elektrische Energie erzeugen müssen, dann werden Temperatur und Meeresspiegel entsprechend steigen. Man schätzt, dass bis 2100 die mittlere Temperatur in unserem Lebensraum um 2–3 °C zunehmen wird, und der Meeresspiegel um einen halben bis einen Meter steigen wird, wenn wir so weiter wirtschaften wie bisher. Die Hauptschwierigkeit für genauere Vorhersagen ist dabei, dass man nicht weiß, wie schnell das Grönlandeis schmelzen wird. Viele der pazifischen Inseln, große Teile von Bangladesch und der Niederlande sowie von Florida usw. werden aber bis 2100 mit Sicherheit überschwemmt werden.

Will man das alles vermeiden, so muss das Verbrennen von Kohle, Öl und Gas sofort drastisch reduziert werden. Und das geht, wie wir wissen, nur durch massive Förderung der Sonnenenergie. Leider ist weltweit davon nicht viel zu spüren. Bis heute werden erst etwa 5 % des Bedarfs an Primärenergie mit solaren Mitteln erzeugt. Denn mit fossilen Brennstoffen wird noch viel zu viel verdient. Der CO_2-Gehalt der Luft steigt also täglich weiter im bisherigen Umfang. Bleibt das so, dann müssen wir uns neben der Versorgung der 2 Mrd. Neubürger auch um die Umsiedlung der Überschwemmungsopfer kümmern. Und machen wir außerdem mit dem Verbrennen der fossilen Rohstoffe so weiter wie bisher, dann ist in 100 bis 200 Jahren alles verbraucht, und das antarktische Eis wird ebenfalls schmelzen. Dann steigt der Meeresspiegel weltweit um 60 m und große Teile des bewohnten Festlands werden überschwemmt: Deutschland bis nach Köln und Berlin, ganz Dänemark und die Niederlande, große Teile in Südostasien mit Hunderten von Millionen Bewohnern. Dann haben wir wieder eine Erde wie am Ende der letzten große Warmzeit vor 120.000 Jahren mit um 10 °C höherer Temperatur als heute. Nur die Dinosaurier werden wohl nicht wieder erscheinen.

Kommen wir nun zurück zur Frage, wie wir die Versorgung der 2 Mrd. Neubürger sicherstellen können ohne die Erde weiter zu erwärmen. Weil die utopischen Energiequellen (s. Abschn. A.5 „Utopische Energiequellen") wahrscheinlich ausscheiden, bleibt wirklich nur die Sonnenenergie übrig, die uns tausendmal so viel Leistung liefert, wie wir brauchen. Unsere Politiker sollten endlich einsehen, dass kein Weg daran vorbei führt und die Zeit drängt. Jedes Windrad und jedes Solarkraftwerk, das nicht gebaut wird, und jede Photovoltaikanlage, die nicht installiert wird, machen unsere Erde wärmer und lassen unsere Ozeane steigen.

A.7 Wärme-Kraft-Maschinen

Diese Geräte verwandeln Wärme in mechanische Energie. Dampfmaschinen wurden schon um 1700 erfunden und erzeugen aus einer Temperaturdifferenz eine hin- und hergehende Bewegung. Damit konnte man Gewichte heben und Wasser pumpen. Um 1800 kamen dann die ersten Turbinen in Gebrauch, die direkt eine Drehbewegung lieferten (Abb. A.17). Die Fortsetzung der Dampfmaschinen war Ende des 19. Jahrhunderts der Automotor, der ebenfalls eine Drehbewegung lieferte (Abb. A.18). Je nach Treibstoffzufuhr ist er als Otto- oder als Diesel-Motor bekannt. Alle diese Maschinen lassen sich zum Antrieb eines Dynamos bzw. Stromgenerators benutzen, der aus der Drehbewegung eine elektrische Spannung bzw. einen Strom macht, wie es in Abb. 6.4 erläutert ist. Die Umkehrung dieses Prozesses, die Erzeugung einer Temperaturdifferenz mittels eines Elektromotors, kennen wir vom Kühlschrank. Die Abb. A.19 zeigt das Funktionsschema einer Wärme-Kraft-Maschine, Abb. A.20 die Umkehrung, bei einem Kühlaggregat oder einer Wärmepumpe.

Wie eine Kühlmaschine funktioniert, das ist in Abb. A.21 erläutert. Hierbei wird eine Flüssigkeit abwechselnd komprimiert und entspannt. Dabei verdampft sie bei tiefer Temperatur und nimmt die Verdampfungswärme auf (ΔQ_{23} in Abb. A.21). Dann wird sie komprimiert und bei höherer Temperatur wieder verflüssigt, wobei sie die Kondensationswärme abgibt (ΔQ_{45}). Bei diesem Vorgang wird das kältere Reservoir abgekühlt und das wärmere aufgeheizt. Beim Kühlschrank befinden sich beide Reservoire im selben Gerät. Bei einer Wärmepumpe ist das kalte Reservoir meist der Erdboden oder ein Gewässer, das warme ist das zu heizende Gebäude. Als Arbeitsflüssigkeiten in diesen Maschinen dienen entweder Propan, Butan, Pentan, Ammoniak, Kohlen-

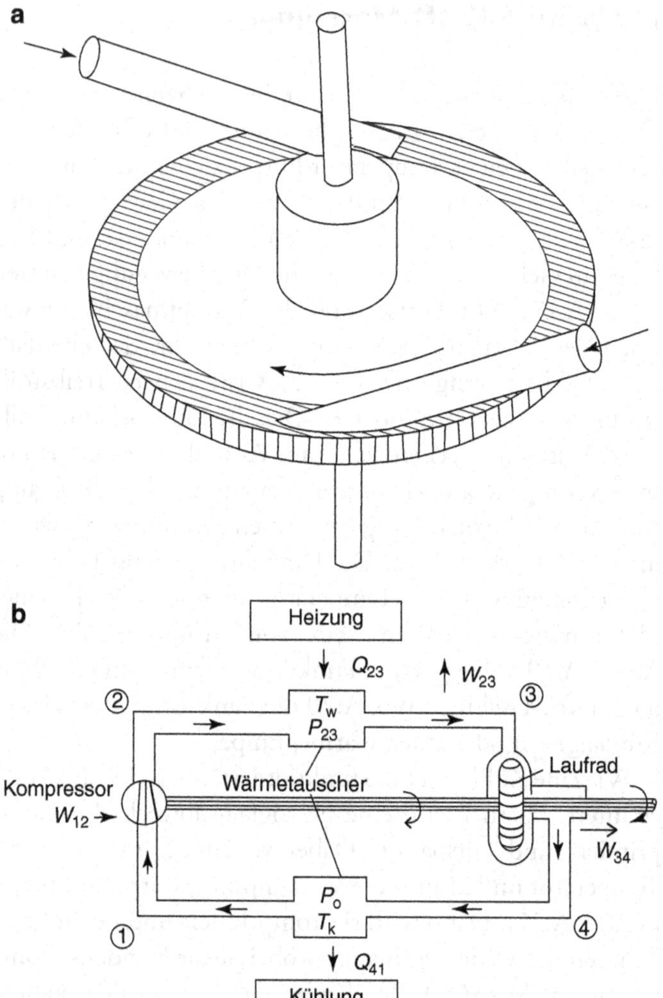

a

b

Abb. A.17 Konstruktion einer Turbine: **(a)** Laufrad, **(b)** Kreislauf einer geschlossenen Heißluftturbine

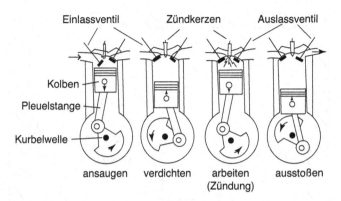

Abb. A.18 Arbeitsweise des Benzin-Viertaktmotors

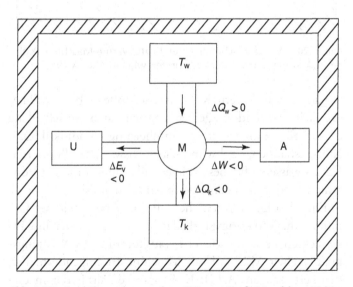

Abb. A.19 Funktionsschema einer Wärme-Kraft-Maschine. M Maschine, A Arbeitsspeicher, U Umgebung, T_w warmes Reservoir, T_k kaltes Reservoir, ΔQ_w Wärmezufuhr, ΔQ_k Wärmeabfuhr, ΔW Arbeitsleistung, ΔE_v Verluste

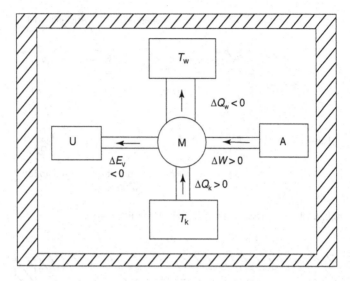

Abb. A.20 Funktionsschema einer Kraft-Wärme-Maschine (Kühl-gerät, Wärmepumpe). Bezeichnungen wie bei Abb. A.19

dioxid oder fluorisierte Kohlenwasserstoffe (z. B. $F_3C_2FH_2$). Je nach Anwendungsgebiet benutzt man verschiedene davon für Klimageräte, Raumheizung, Raumkühlung, Kunsteisbahnen, Schwimmbäder usw. Die fluorierten Kohlenwasserstoffe beschädigen allerdings unsere Ozonschicht und sollten daher verboten werden [5].

Ein wichtiges Kennzeichen aller hier besprochener Geräte ist ihr **Wirkungsgrad**, das heißt wie viel der hineingesteckten Leistung wieder herauskommt. Der Wirkungsgrad η einer Wärme-Kraft-Maschine ist folgendermaßen definiert (s. Abb. A.19): Er ist das Verhältnis der in den Arbeitsspeicher geflossenen Energie ΔW zur in den Motor geflossenen Wärme ΔQ_w pro Maschinenzyklus

$$\eta = \frac{\Delta W}{\Delta Q_W}. \qquad (B.5)$$

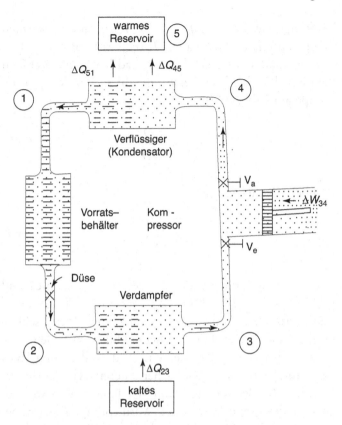

Abb. A.21 Funktion einer Kühlanlage oder Wärmepumpe

Nun ist es eine bekannte Tatsache, dass man zwar Arbeit vollständig in Wärme umwandeln kann (zum Beispiel bei der Reibung), aber nicht umgekehrt Wärme vollständig in Arbeit. Der Wirkungsgrad einer Wärme-Kraft-Maschine muss also immer kleiner als eins sein. Für die meisten technisch hoch entwickelten Geräte liegt er zwischen 0,3 und 0,5. Was vom Motor nicht in Arbeit umgesetzt wird, fließt in das kalte Reservoir (ΔQ_k; Abluft, Auspuff) und in die Umgebung (ΔE_v; Reibung, Schall). Übrigens liefert die Thermodynamik noch eine andere Beziehung für den

Wirkungsgrad, nämlich $\eta_{max} = (T_w - T_k)/T_w$ mit der warmen Temperatur T_w und der kalten T_k (η_{max} ist η für $\Delta E_v = 0$).

Etwas anders ist der Wirkungsgrad bei Kühlmaschinen definiert, hier heißt er **Leistungszahl** ε. Bei der Wärmepumpe gilt (Abb. A.20):

$$\varepsilon_{wp} = \frac{\Delta Q_W}{\Delta W} \qquad \text{(B.6)}$$

und beim Kühlaggregat

$$\varepsilon_{ka} = \frac{\Delta Q_W}{\Delta W} \qquad \text{(B.7)}$$

Die Thermodynamik liefert entsprechend $\varepsilon_{wp}^{max} = T_w / (T_w - T_k)$ und $\varepsilon_{ka}^{max} = T_k / (T_w - T_k)$. Diese Leistungszahlen können größer oder kleiner als eins sein, je größer, desto besser. Für eine heute übliche Wärmepumpe ergibt sich $\varepsilon_{wp} \approx 4$. Das heißt nach der Gleichung (B.6) kann für jedes Joule elektrischer Energie ΔW die innere Energie ΔQ_w der Raumluft um vier Joule erhöht werden. Das ist der große Vorteil der Wärmepumpen gegenüber konventionellen Heizgeräten, denn mit direkter Elektroheizung wäre $\Delta Q_w = \Delta W$ und $\varepsilon_{wp} = 1$, also 1 J Wärme für 1 J elektrischer Energie. Allerdings muss man auch den Wirkungsgrad der Stromerzeugung für die Wärmepumpe mit einbeziehen. Würde der Strom mit einer Dampfmaschine erzeugt ($\eta = 0{,}25$), so ist der Gesamteffekt $\varepsilon \cdot \eta = 4 \cdot 0{,}25 = 1$ und man hätte nichts gewonnen. Mit Strom aus einer Windkraftanlage ($\eta = 0{,}5$) wäre dagegen $\varepsilon \cdot \eta$ schon gleich 2.

Besonders gut wird der Wirkungsgrad einer Wärme-Kraft-Maschine, wenn man die Abwärme des Motors oder der Turbine für Heizzwecke einsetzt. Diese sogenannte

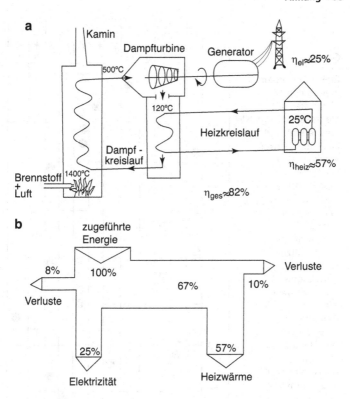

Abb. A.22 Dampfkraftwerk mit Kraft-Wärme-Kopplung: (a) Prinzip, (b) Wirkungsgrade

Kraft-Wärme-Kopplung ist in Abb. A.22 erläutert. Kann man die Heizwärme optimal nutzen, so wächst der Wirkungsgrad einer solchen Anlage von 35 auf 82 %! Um die Wirkungsgrade verschiedener Energiewandler zu vergleichen, sind in Abb. A.23 die Werte für verschiedene Geräte zusammengestellt. Es handelt sich dabei um experimentell bestimmte Mittelwerte. Im Einzelfall können sie um 10 % höher oder niedriger liegen. Die Angaben für Wärme-Kraft-Maschinen findet man in den Spalten c → m und t → m.

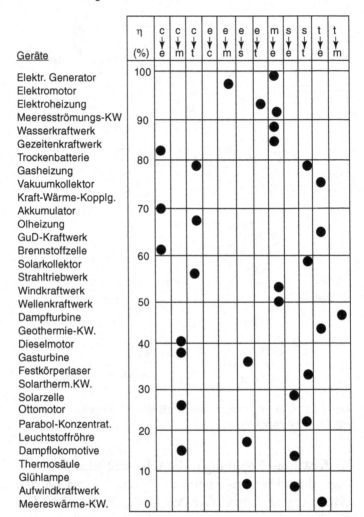

Abb. A.23 Reale Wirkungsgrade verschiedener Energiewandler. Die Umwandlungsarten sind abgekürzt: c chemisch, e elektrisch, m mechanisch, s Strahlung, t thermisch

A.8 Speicherung elektrischer Energie

Bekanntlich scheint die Sonne nicht immer, und der Wind weht auch nur von Zeit zu Zeit. Unsere Solarzellen und Windräder liefern daher nur zeitweise Strom. Das ist in Abb. A.24 erläutert, wo die Erzeugung und der Verbrauch elektrischer Leistung während einer Sommerwoche in Deutschland dargestellt sind. Durch Sonnenenergie wird heute bei uns etwa ein Drittel der benötigten Leistung von 70 Gigawatt geliefert. Aber das geschieht in nicht ganz regelmäßigen Abständen. Am Tag gibt es mehr Photovoltaikstrom und nachts mehr Windstrom. Wie kann man das ausgleichen bzw. Erzeugung und Verbrauch aneinander anpassen? Im Prinzip ist das einfach, aber in der Praxis hapert es noch sehr.

Man muss also die erzeugte elektrische Energie für einige Zeit speichern und dann nach Bedarf wieder abrufen können. Jeder kennt heute die üblichen Geräte dafür, die Batterien für Taschenlampen und Handys oder die Akkus fürs Auto. Bei größeren Elektrizitätsmengen gibt es aber noch andere wirkungsvolle Methoden (Abb. A.25):

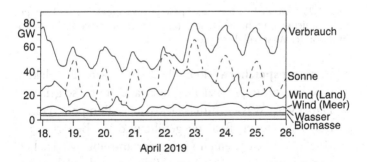

Abb. A.24 Zeitlicher Verlauf von Verbrauch und Erzeugung elektrischer Leistung während einer Woche in Deutschland

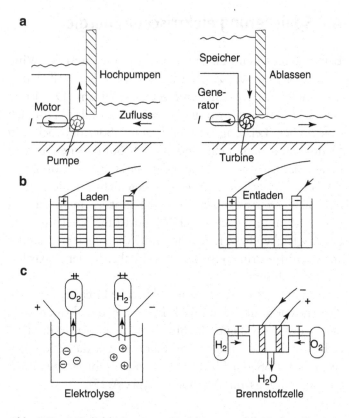

Abb. A.25 Möglichkeiten zur Speicherung elektrischer Energie: links speichern, rechts entladen. (a) Pumpspeicherwerk, (b) Akkumulator, (c) Wasserelektrolyse

- In **Pumpspeicherwerken** (Teilbild a) wird die elektrische Energie in potenzielle umgewandelt und so gelagert. Dabei wird Wasser mittels elektrischer Pumpen in einen höher gelegenen Behälter gefüllt und bei Bedarf durch eine Turbine, die einen Generator antreibt, wieder herunter laufen gelassen. Der Wirkungsgrad solcher Anlagen liegt zwischen 80 und 90 % (s. Abb. A.23). Das weltweit größte Pumpspeicherwerk befindet sich in China (Fengning) mit einer Leistung von 3,6 Gigawatt für einige Stunden, das größte deutsche in Thüringen (Goldisthal) mit einem Gigawatt Leistung. Alle deutschen Anlagen leisten zusammen etwa 9 Gigawatt für etwa 6 h. In dieser Zeit können sie ca. ein Achtel des Gesamtbedarfs liefern. Angesichts der kommenden Belastung durch die Neubürger sollten schnellstens viele neue Speicher gebaut werden. Platz dafür gäbe es genügend, aber es rentiert sich nicht. Leider wird mit dem Zuschalten von fossil beheizten Kraftwerken bei Strommangel mehr verdient als mit dem Bau von Speicherbecken. Pumpspeicherwerke sind übrigens die billigsten der drei Methoden aus Abb. A.25, pro gespeicherter Kilowattstunde kosten sie etwa 70 Euro. Eine „Abart" dieses Verfahrens ist der **Druckluftspeicher**. Dabei wird Luft mit bis zu 100 bar Druck in unterirdische Hohlräume gepumpt. Das sind aufgelassene Bergwerksstollen und Kavernen in Salzlagerstätten oder in Ölfeldern, aber auch künstliche Betonbehälter, die im Meer versenkt werden, um den Strom von Off-shore-Windrädern zu speichern. Ein erstes solches „Meerei" wurde vor kurzem im Bodensee getestet. Man kann mit einer Hohlkugel von 10 m Durchmesser und 1 m Wandstärke in 4000 m Meerestiefe für eine Stunde etwa sechs Megawatt Leistung speichern, etwa so viel wie ein großes Windrad maximal liefert. Der Wirkungsgrad von Druckluftspeichern beträgt etwa 50–60 %.

- Die zweite wichtige Speichermethode sind **Akkumulatorenbatterien** (Abb. A.25b). Sie haben Wirkungsgrade von 85–95 %. Am bekanntesten sind die Blei-Akkus für Kraftfahrzeuge sowie Nickel-Cadmium-Akkus für elektrische Kleingeräte, Handys usw. Eine vielversprechende Neuentwicklung ist der Lithium-Akkumulator. In ihm werden Lithium-Ionen durch Diaphragmen zwischen Anode und Kathode hin und her transportiert. Diese Diaphragmen sind kompli-

zierte chemische Verbindungen, deren Zusammensetzung weitgehend ein Betriebsgeheimnis ist. Die Li-
thium-Akkus haben gegenüber anderen den Vorteil einer
hohen Energiedichte (0,2 kWh/kg), einer hohen
Klemmenspannung (ca. 3 V) und einer kurzen Ladezeit
(< 3 h bei 4 V). Aber sie besitzen dafür eine geringe
Leistungsdichte. Das heißt man kann sie nicht so schnell
entladen, wie es für Kraftfahrzeuge wünschenswert wäre.
Die chemischen Vorgänge in den Akkus sind zum Teil
recht komplex. Hier seien als Beispiele nur zwei Brutto-
reaktionen angegeben:

– Bleiakkumulator

$$Pb + PbO_2 + 2H_2SO_4 \text{ entladen} \rightarrow\leftarrow \text{laden } 2PbSO_4 + 2H_2O,$$

– Lithiumakkumulator

$$Li_{1-x}CoO_2 + Li_x C \text{ entladen} \rightarrow\leftarrow \text{laden } LiCoO_2 + C.$$

Akkumulatoren sind allerdings teurer als Pumpspeicherwerke. Ihr spezifischer Preis beträgt etwa 100 Euro pro
gespeicherter Kilowattstunde.

• Die dritte Methode aus Teilbild c der Abb. A.25 ist die
Wasserelektrolyse. Dabei wird reines Wasser durch Zu-
gabe von etwas Salz leitfähig gemacht. Es dissoziiert
dann in H_3O^+- und OH^--Ionen. Diese wandern zur Kathode bzw. Anode einer elektrischen Stromquelle und
geben dort H- und O-Ionen frei. Den so erzeugten
Wasserstoff (H_2) kann man dann mit verschiedenen Methoden speichern: 1. Kompression des Gases und Aufbewahrung in Druckbehältern (Stahlflaschen) bei mehreren hundert Bar, 2. Verflüssigung bei –252 °C und
Aufbewahrung in gekühlten Behältern (Dewar-Gefäße),
3. Auflösung des Wasserstoffs in Metallen oder kerami-
schen Werkstoffen bei normaler Temperatur und gerin-

gen Drücken von wenigen Bar. Dabei werden Wasserstoffatome in die Zwischenräume des Kristallgitters eingelagert, dies wäre die billigste Wasserstoff-Speichermethode. Allerdings steht die Entwicklung geeigneter Werkstoffe noch am Anfang. Der gespeicherte Wasserstoff lässt sich zum Beispiel in Brennstoffzellen direkt wieder in elektrische Energie umwandeln [7]. Oder man lässt ihn an einem Katalysator mit Kohlendioxid zu Methan reagieren:

$$CO_2 + 4H_2 \rightarrow CH_4 + 2H_2O + 165\,kJ\,/\,mol.$$

Gleichzeitig wird CO_2 verbraucht, was unserem Klima zugutekommt. Das entstehende Methan kann als bequemer Brennstoff vielseitig gespeichert und benutzt werden. Allerdings ist die Wasserstoffspeicherung bei weitem die teuerste der drei Methoden aus Abb. A.25. Die Investitionskosten betragen hier 10.000 Euro pro gespeicherter Kilowattstunde.

Mit den beschriebenen Verfahren lässt sich also die zeitlich alternierende Leistung der Solartechnik ausgleichen. Diese Methoden rentieren sich aber erst, wenn sie genügend häufig und lange genutzt werden [17], das heißt wenn die Solartechnik etwa 50 % unseres Strombedarfs liefert. Heute sind es in Deutschland erst 30 %.

Literatur

Süddeutsche Zeitung, 17. 2. 2019.

Rudolph, L. 2022. Food Waste eindämmen. *Einsichten LMU* 1, 20.

Schaarschmidt, T. 2020. Warum der Intelligenzquotient nicht weiter steigt. *Spektr. d. Wiss.* 1.

Bratsberg, B. u. Rogeberg, O. 2018. Flynn effect and its reversal are both environmentally caused. *PNAS.* 115, 6675.

Stierstadt, K. 2020. *Unser Klima und das Energieproblem.* Wiesbaden: Springer.

Stierstadt, K. 2022. *Atommüll - die teure Erbschaft.* Wiesbaden: Springer.

Stierstadt, K. 2015. *Energie - das Problem und die Wende.* Haan-Gruiten: Europa-Lehrmittel.

Lewandowski, I. 2018. *Bioeconomy.* Springer.

Mueller, N. D. u. a. 2012. Closing yield gaps through nutrient and water management. *Nature* 490, 254.

Klingholz, R. 2021. *Zu viel für diese Welt.* Hamburg.

Wikipedia. 2022. Grüne Gentechnik (abgerufen 3. 8. 2022).

Stierstadt, K. 2018. *Thermodynamik.* 2. Aufl. Wiesbaden: Springer.

Taube, R. 1985. *Evolution of Matter and Energy.* New York.

Götzberger, A. 1997. *Sonnenenergie: Photovoltaik.* Stuttgart: Teubner.

Wolfson, R. 2008. *Energy, Environment and Climate.* New York.

Stierstadt, K. 2019. Genug Platz an der Sonne. *Phys. i. u. Zeit.* 50, 128.

Wikipedia. 2022. Energiespeicher (abgerufen 10. 8. 2022).

Video. 2022. Werden wir immer dümmer? http://www.arte.tv/de/videos104841-001-A/werden-wir-immer-duemmer/.

Stierstadt, K., Sind wir zu dumm zum Weiterleben?, Ann. Eur. Akad. Wiss. Künste; Bd. 10, 73 (1995).

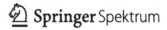

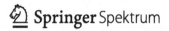
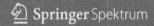

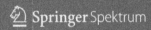

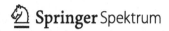
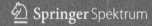

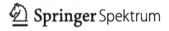

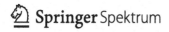

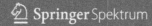

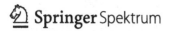

Printed in the United States
by Baker & Taylor Publisher Services